杨昌鸣 曹昌智/主编　陈 捷 张 昕/编著

中外建筑简史
ARCHITECTURE/
/HISTORY

中国高等院校
"十二五"建筑专业
基础理论规划教材

中国青年出版社

序一

这本《中外建筑简史》是为专业设计及艺术理论方向的同学编写的一本教材。建筑学是一门以设计为核心的学科,同时也是视觉艺术的一个重要门类。建筑、绘画、雕塑、工艺美术、艺术设计以及艺术史论,都是源自艺术学的学科。早期的建筑师,往往也是赫赫有名的艺术家。文艺复兴时期的达·芬奇、米开朗基罗等等都是集艺术家与建筑师于一身,我国隋唐之际的阎毗和阎立德、阎立本父子三人,均能书善画,且明工巧、懂营造。尤其是阎立德,在太宗时期曾任将作大匠、工部尚书等要职。明清之际的造园名家计成、李渔也均为能文善画的饱学之士。而现代建筑设计大师中也不乏诸如柯布西耶、赖特等充满艺术气质的建筑师。1948年,中央研究院院士评议会评出五名"考古学与艺术史"院士,作为建筑史家的梁思成先生入选其中。由此可见,当时的建筑史属于艺术史范畴,与考古学亦密切相关。梁思成先生在美国宾夕法尼亚大学接受的建筑教育,直接源于法国美术学院的教学模式。他于20世纪40年代完成的《图像中国建筑史》一书,更是充分运用了西方艺术史学中关于风格史的研究方法。

1928年中国营造学社的成立标志着中国建筑史学科的建立,以梁思成、刘敦桢为代表的前辈学人,在研究中将建筑纳入艺术与文化视野考察,并采用西方艺术史的解释方法来研究中国建筑史,这些做法都具有突出的前瞻性与开拓性。在八十多年后的今天,建筑史论研究已经进入了一个全新的阶段,越来越多的中外学者提出要加强建筑学与艺术学、考古学、社会学、人类学等专业的交流,以期能更加全面地认识中外建筑及其文化内涵。

正是基于这样的理念,作者从视觉艺术的角度,以精炼的笔墨,对中外建筑的发展历程、文化与社会背景,以及艺术与技术特征进行了梳理,为读者勾勒出一条较为清晰的中外建筑发展脉络。值得一提的是,本书在提供丰富文字信息的同时,还为读者准备了大量精美的图像。这种注重发挥视觉元素作用的做法,在同类教材中尚属鲜见。此外,将中外建筑史合二为一进行论述,也是本书的一大特色。此举在方便阅读的同时,还有利于对比学习和研究,使读者得以获取更为全面、深入的专业知识。

作为一本具有探索性的新型教材,本书的问世是促进不同专业充分交流、共同繁荣的有益尝试。尽管在知识快速更新、学科高速发展的今天,限于实物遗存和考古资料的欠缺,在这本书中不可避免地存在着一些缺点和不足,但它依然可以为同学们提供一些认识、学习中外建筑的线索,为创作与研究奠定坚实的基础。

是为序。

2013年秋日题识

中国建筑学会建筑史学分会理事、享受国务院特殊津贴专家
天津大学教授、博士生导师,北京工业大学教授、博士生导师

序二

学界大家撰写中国和外国建筑史的著作已不乏其数。再为中外建筑写史，难度自然不言而喻。不过陈捷和张昕还是选择了挑战。他们把关注点锁定在中国经济社会全面转型发展的新时期，着眼于面向广大受众的文化遗产普及和传承。故而另辟蹊径，极尽驾驭能力，从人类早期的氏族聚落和城市雏形写起，直到如今现代主义的建筑创作和后现代主义对建筑创作的影响方才收笔。时空跨度长达六千余年，遍及所有代表性地域、国家和建筑，绝非容易。

当今世界发展不仅具有经济全球化的趋势，而且具有文化多样性的特征。产生于任何国家和地区的建筑文化，都有属于自己民族和地域的鲜明个性，也有吸纳外来文化的包容性。其形成和沿革过程都离不开特殊的本土文化背景，有着深刻的历史渊源。中华民族更是如此。《中外建筑简史》系统阐述了中国优秀建筑文化的渊源及其历史文脉、形态特征，让读者从深刻感悟中进而增强民族自信。同时又概要介绍了世界各国异彩纷呈的建筑文化，可供读者作为"他山之石"加以比对、分析和借鉴。书中每一节还特别安排有案例解析，画龙点睛，突出著述要义，也是这部新作的一大特点和亮点。

进入21世纪后，中国建筑文化遗产的保护与传承已经走上了法制化、规范化、科学化的轨道。然而，在经济全球化的大趋势下，伴随着中国经济的快速增长和外来文化的冲击，急功近利、追逐时尚，甚至盲目跟风、缺乏民族自信的浮躁情绪到处蔓延。无论是保护文化遗产的社会意识，还是国民素质，依然难以适应时代的要求。有鉴于此，在继续加强法制建设的同时，大力推进文化遗产的普及和传承，提升中华民族保护文化遗产的自觉意识，加快培育具有扎实知识技能的后继人才就成了当务之急。教育为立国之本，同时也是遗产保护事业发展的基础所在，而高等教育更是重中之重。这本面向社会，尤其是面向高等院校的《中外建筑简史》之问世，无疑是及时而必要的。

最后，从学术研究与学科发展的意义上说，这本《中外建筑简史》，较好地践行了学科融合的理念，通过把建筑、艺术、历史、考古、规划等专业知识融为一体，为中外建筑文化遗产的认知提供了令人耳目一新的新鲜尝试。相信这本新作会对读者了解中国和世界的建筑发展有所补益，并对中国的文化遗产保护事业做出应有的贡献。

应陈捷、张昕之邀，拜读《中外建筑简史》书稿，颇多感慨，是以为序。

曹昌智

2013年11月16日

中国城市科学研究会副秘书长、中国名城委副主任委员
同济大学教授、博士生导师

目录

上篇：中国建筑简史

下篇：外国建筑简史

上 篇
中国建筑简史

中国是一个地域辽阔的多民族国家，不同的自然与人文条件孕育出了丰富多彩的建筑体系。总体来看，以木结构为核心的建筑体系是中国古代建筑的主流，也代表了中国传统建筑的最高成就。在原始社会时期，先民们发明并掌握了建筑营造技术，满足了最基本的居住与公共活动需求。在以夏商为代表的奴隶制时期，通过低成本的奴隶劳动和青铜工具的使用，建筑获得了飞跃性的发展，出现了宏伟的都市、宫殿、陵墓以及祭祀建筑。在封建时期，中国建筑逐步发展成一种成熟而独特的体系，在选址、营建、装饰、材料与形式的协调统一、设计与施工管理等方面积累了丰富经验。在以礼制为核心的封建制度的约束下，依靠以榫卯技术为核心的木结构体系，在城市规划、大型建筑群营建、园林、民居、建筑装饰等方面取得了辉煌的成就。以汉唐长安、明清北京为代表的中国古代都市，以江南园林为代表的游赏与风景建筑都是中国古代建筑文化的杰出代表。1840年鸦片战争后，列强的入侵在危害中国权益的同时，客观上也带来了先进的技术与文化，以上海为代表的部分开埠城市内出现了一大批具有世界先进水平的商业、工业与居住建筑。但在中西部城市及广大的农村地区，仍旧延续着数千年来的传统建筑样式与技术。1949年中华人民共和国成立后，以构建工业化国家、复兴民族文化为契机，建筑发展进入了一个全新阶段。1978年改革开放后，汹涌而来的域外建筑文化大大推动了本土建筑的发展，由此也掀起了新一轮的建筑发展高潮。与内地（大陆）地区相对应，港澳台地区在1949年后也因地制宜地发展出独具特色的地域建筑文化。

第一章
先秦、秦汉时期的建筑

先秦时期是中国传统建筑的萌生期。早在新石器时代，以黄河流域与长江流域为代表，先民们分别发展出了泥木混合结构建筑和干阑式榫卯结构建筑，为中国传统建筑的发展奠定了基础。以二里头和殷墟遗址为代表的夏商文明，已具备了卓越的文化水准与技术能力。此时还出现了面积广大的城市，各类建筑无论是形制还是功能均已初步成型。

周代绵延八百余年，其以等级制为核心，建立起了一套较为完备的建筑制度，上至城市规模，下至屋宇装饰，均有所涉及，其中以《周礼·考工记》为核心的营造制度深刻地影响了后世城市的发展。此时期的建筑技术也取得了明显进步，斗拱的出现、抬梁式结构的普及、陶制材料的推广是最突出的标志。

秦代虽国祚短促，但骊山陵墓、咸阳宫室、长城等大规模建设项目的实施，将中国建筑发展推进到一个全新的高度，其所创立的一系列制度也对后世产生了深远的影响。汉代直接继承了秦代的成就，并加以发扬光大，最终迎来了中国传统建筑发展的第一个高峰期。

以汉长安为代表的都市恢宏壮丽，宫室与园囿也巨大、华美。祭祀建筑在礼制的主导下渐趋定型，陵寝制度则在继承秦陵规制的基础上进一步得到完善。木结构技术在本时期已基本定型，并出现了高层木结构建筑。陶制材料的改进，特别是其在墓葬中的广泛使用是本时期建筑材料发展的一大成就，与此同时，建筑装饰技术也得到很大发展，无论是技法还是题材均得到了极大丰富。此外，东汉时期佛教的传入对中国文化与建筑的发展也带来了深远影响。

1	2
3	4

1. 汉长安城霸城门遗址
2. 中山王陵复原图
3. 四川成都汉代庭院画像砖拓片
4. 武氏祠楼阁车马画像石拓片

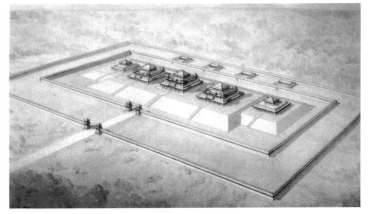

第一节 城市与宫室

城市，是指以非农产业与非农人口为主的人群集中居住地，一般具有统治中心与经济中心的双重身份。古代城市一般由三部分组成：统治机构（宫室、衙署）、手工业与商业区、居住区。三者的互动发展直接导致了不同时期城市形态的演化。其中，宫室和衙署是统治阶层的治所与居所，是皇权的物化象征。

一、原始社会与夏商时期

本时期是城市的萌芽期，此时的城市带有明显的氏族聚落特征，各类建筑散置城内，多缺乏明确的规划。自20世纪30年代以来，已有30余座原始社会时期的城市遗址得到确认，创建时间最早可追溯至公元前4000年。这些遗址的分布区域遍及黄河与长江流域，甚至远及内蒙古大青山脚下，当时营建活动规模之大、水平之高，由此可见一斑。湖北天门石家河古城遗址的城址面积达12平方千米，城垣为夯土构造，城外已设有护城河。湖南澧县城头山古城遗址内发现有隆起的夯土台基，这座昔日重要建筑的基址正对城市东门，表明轴线关系在城市布局中已得到运用。（图1）此外如河南淮阳区平粮台古城遗址、登封市王城岗古城遗址内均发现了铜器残片或冶铜遗迹，可见当时人类已开始使用金属器物。

目前学界对夏代都城遗址多有争议。河南偃师二里头遗址被认为可能是太康营建的国都斟寻。二里头遗址内的宫室建筑以一、二号遗址最为重要。一号遗址是我国迄今发现最早的大规模夯土木结构建筑与庭院实例。遗址为一封闭廊院，院内有夯土台基，推测其建筑形制是以木梁柱为核心、木骨泥墙、顶部覆盖茅草的"茅茨土阶"样式。殿宇南向为廊院正门，体现出了明显的轴线意识。二号遗址较一号遗址更为规则，据推测可能是祭祀建筑。（图2）

商代都城与宫室遗址主要有河南偃师商城、郑州商城、安阳殷墟，

1

1. 湖南澧县城头山古城遗址

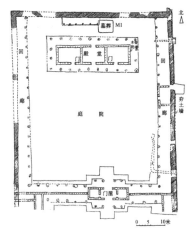

2. 二里头夏代晚期二号宫殿遗址图
3. 偃师商城小城北城墙遗址
4. 安阳殷墟宫殿遗址总平面图

2 | 3
4

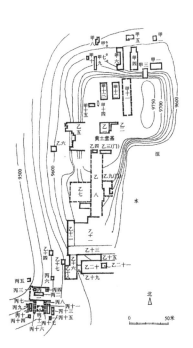

湖北黄陂盘龙城等。偃师商城为一南北向的矩形遗址，分为宫城、内城、外城三重城垣，宫室建筑分布于内城南侧。其中二号建筑群中的主殿基址长达90米，是商代早期宫殿中最大的单体建筑。（图3）

安阳殷墟遗址发现于20世纪20年代，通过对遗址内宫室布局的研究，可以看到此时的城市与宫室营建已具有明显的规范性，其所使用的空间处理手法则是随后数千年间类似营建活动的根本法则。殷墟宫室区位于城市内部，周围有壕沟防护，形成了独立于城市的宫城格局，体现了"筑城以卫君，造郭以守民"的城市建设模式。宫室区由南至北可分为三个区域，北区为王室居住区，中区为朝议与宗庙所在，南区为祭祀场所。三区均具有明显的南北轴线关系，其功能分区也与后世《周礼·考工记》所载"前朝后寝，左祖右社"的空间布局相吻合，由此显示出早在商代时期，朝、寝、祭祀建筑按南北顺序排列、中轴对称的宫室布局已相当成熟。（图4）

二、转型期的周代营建

周代以《周礼·考工记》与里坊制为代表的营建制度使城市面貌发生了明显变化。西周时期，以宗法分封制度为基础，建立起了严格的等级制度，具体到城市规模与建筑形制，均有详尽的规定。

西周国都为丰、镐二京，均位于今西安市西郊。在今西安西郊客省庄、马王村一线发现有密集的宫殿建筑群，其中四号夯土基址面积达1900平方米，是目前已发现的最大的西周建筑基址。诸侯都城中以曲阜鲁国故城保存得较好。鲁城大致为东西向的矩形城池，现存城墙由外、中、内三重构成，城内中央略偏东北现存大型夯土台基多处，应是昔日鲁国宫室。城内主要道路呈十字交叉，东西与南北向各三条，最重要的一条由宫室南侧通往南墙东门，并延伸至城外祭祀建筑遗址，是已知最早在城市建设中使用中轴线布局的实例。同时鲁城的整体布局与《周礼·考工记》所记载的营建制度颇为吻合，是非常珍贵的研究实例。（图5）

东周时期王权衰微，群雄争霸，各国对都市大力营缮，促成了中国历史上的第一次城市发展高潮，典型的城市有齐临淄、燕下都（图6）、

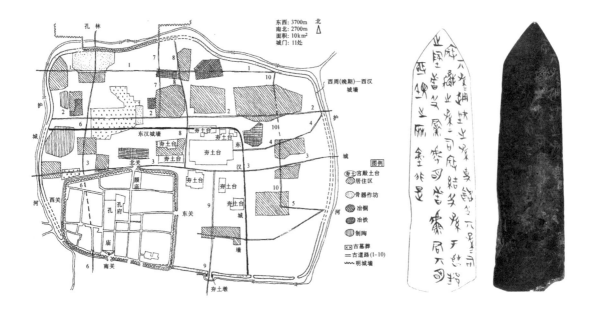

5. 曲阜鲁国故城遗址平面图
6. 燕下都夯土城墙
7. 晋都新田（今侯马市）出土的盟书
8. 咸阳宫一号宫殿遗址

5	7
6	
8	

晋新田（图7）、魏安邑、楚郢都等。随着城市规模的扩大，城市管理日趋复杂，由此催生了名为"里坊制"的城市规划与管理模式。在此模式下，宫室与衙署占据了城市中最有利的位置，环以高墙保护。城内居住区是被划定的封闭的"里"，商业手工业集中于特定的"市"中，里、市均以高墙环绕，设门卫管理出入，入夜则全城实施宵禁。此种严格的管理制度始于春秋，盛于隋唐，至北宋方逐步废止，是封建专制制度在城市形态上的集中体现。

三、秦咸阳城与阿房宫

秦代宫室营建以咸阳城为代表，其繁盛程度为历代所罕见。咸阳城始建于秦孝公时期，至始皇帝时在渭水南岸建造了以阿房宫为代表的大批宫室，咸阳城由此步入极盛时期。有关咸阳城的详细资料较为匮乏。根据勘测可知，咸阳城总面积约45平方千米，且与殷墟类似，未发现都城城垣。（图8）（图9）

城内的宫城城垣已被发现，为东西向矩形，宫城遗址内发掘出了八处高台基址，残高最高者达六米，充分反映了当时高台建筑的壮丽与风行。基址中以一号遗址保存得最为完好，此遗址为一座二层建筑，台基上部距地面约五米，各层建筑均倚夯土台而建，排列整齐，秩序分明。咸阳城内的手工业区目前也多有发现，主要分布于宫城西侧，区内大都是宫廷专属的服务机构。此外还发现了很多陶制水井、排水管等服务设施。（图10）

阿房宫是秦代宫室建筑的巅峰作品，建于始皇时期，毁于秦亡，工程持续时间很短，大部分宫室应尚未建成。目前学界仅对其前殿遗址有较多了解。从文献记载看，阿房宫的设计规模非常宏大，关于前殿的具体尺寸，《关中记》载："阿房宫殿东西千步，南北三百步。"《史记·秦始皇本纪》载："上可以坐万人，下可立五丈旗。"目前阿房宫前殿的夯土

台基东西向残长1200米，南北向为450米，与《关中记》所载颇为吻合，其残高最高处约8米，依"下可立五丈旗"推测，建筑完成时总高应接近12米。

四、汉长安城与洛阳城

汉代绵延四百余年，在强盛国力的支持下，城市与宫室营建取得了辉煌成就。长安是西汉国都，刘邦定都关中后，由于咸阳残破，不得已将秦代离宫兴乐宫予以扩建，改名为长乐宫，作为临时的施政场所。至汉惠帝时开始修建长安城垣，而此时长安城内的主要宫室——长乐、未央二宫已建成多年。武帝时期增修明光宫、桂宫等宫室，但汉长安城最终毁于西汉末年战乱。

由于长安城是先建宫室，后建城垣，逐步修造完成，所以城市营建缺乏统一规划。城垣修造受制于地形与旧有建筑，最终形成了一个不规则矩形，其中南北两面的城垣最为曲折。（图11）据实测，汉长安城面积约35.4平方千米，城垣均为夯土结构，上共辟12门，每侧三门，显然受到了《周礼·考工记》相关制度的影响。城内街道以南垣安门内的安门大街最为宏大，街宽50米，中部设20米宽的帝王专用驰道，两侧为排水沟，沟外是供一般官员与庶民使用的大道。（见章前页图1）汉长安城内的主要面积均被宫室占据，反映了早期城市突出的统治中心特色。庶民居所穿插于宫室之间，市肆主要分布于城西北隅，分为东西二市。市肆外设市

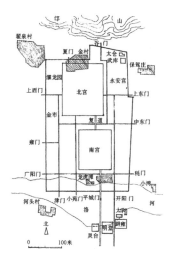

10 | 9
12
13
| 11

9. 咸阳宫一号遗址复原图
10. 咸阳地区出土的秦代瓦当与青铜建筑构件
11. 汉长安城平面图
12. 汉惠帝安陵陵邑的安邑瞗柱瓦当拓片
13. 东汉洛阳城平面示意图

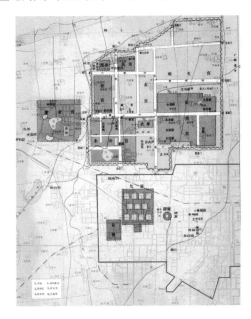

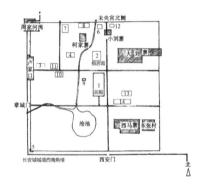

墙,内设井字形道路,中心部位设有用于管理、瞭望市场的市楼。

汉长安城的另一大特点是在城东南与北方的皇家陵区内设立了七座卫星城市——陵邑,陵邑内的居民大都是从各地被强制迁移而来的豪强富户。陵邑内人口繁盛,经济发达,如汉武帝时期的茂陵陵邑人口达6万户,27万人,几乎可与长安城匹敌。据统计,长安城和诸座陵邑组成的城市群其总人口应在百万以上,是当时世界范围内首屈一指的国际级大都市。(图12)

东汉初年因长安已残破不堪,刘秀遂定都洛阳。洛阳城址位于今洛水以北的邙山脚下,整体呈南北向矩形,总面积约9.6平方千米。城垣为夯土结构,设城门12座。城内建筑同样以宫室为主,分为南北二宫。民居分布也与长安城类似,少数散置城内,大多位于城外或城门处。城内设有三座市场,分别为金市、牛市、羊市。街道共有24条,一般宽度为20~40米。(图13)

五、长安与洛阳宫室

汉长安宫室的建造主要分为高祖与武帝两个阶段,高祖五年(公元前202年)首先以兴乐宫为基础修建长乐宫,宫殿体量巨大,占到长安城总面积的1/6。城垣四方各开门一座,宫内多有始皇时期的遗存,核心殿宇为前殿。高祖九年(公元前198年),政府机构由此迁往未央宫,此地改为太后的居所,但刘邦最后仍崩于此处,足见长乐宫的地位之重要。

未央宫是西汉政务处理的核心场所。汉初萧何以"天子四海为家,非壮丽无以重威,且无令后世有以加也"(《史记·高祖本纪》)为理由提出新建宫室,充分体现了宫殿作为反映国家意识形态的礼仪空间的特征。未央宫始建于高祖七年(公元前200年),至武帝时期才基本完成。宫殿实测面积约5平方千米,宫垣亦四向各开一门,但以北向为正门。(图14)宫内殿宇众多,最核心的前殿遗址南北长350米,东西宽200米,最高处约15米,气势极其宏伟。为满足皇室与贵族的奢靡享受,宫内设有各类殿宇供四时择用,如越冬之温室殿、避暑之清凉殿,此外还有以椒和泥,涂于壁上的做法,意在取其温而芬芳,如已发现遗址的椒房殿。除此之外,宫内尚有大量服务性设施,如蚕室、织室、兽圈,甚至储存冰块的凌室等。(图15)

武帝时期出现了长安城宫室营造的又一次高潮,明光宫、建章宫均兴建于此时。刘彻迷信长生不老之说,建造明光宫用于求仙。太初元年(公元前104年),柏梁台失火,刘彻认为不祥,于是大兴土木营造建章宫,以求镇压邪佞,借此祈福。建章宫位于长安城西垣外,与未央宫通过跨越城垣的阁道相连。据记载此宫周长万余米,内部划分为若干区域,建筑极多,有千门万户之称。宫内最著名的建筑物是仙人承露盘,后世屡有效仿。(图16)

洛阳宫室以南北宫为主,秦代时已初具规模。南宫于光武帝时期增修,近方形,四周开四门,以前殿为正殿。北宫于明帝时期兴建,亦近方形,四周开四门,以德阳殿为正殿。

案例解析 《周礼·考工记》与匠人营国制度

　　《考工记》原本为齐国官书（官书是指由政府制定的，指导、监督和考核官府手工业、工匠劳动制度的规章典籍），主要内容编纂于春秋至战国时期。汉代，因《周礼·冬官》一节佚失，遂以此文补入。《周礼·考工记》全文仅七千余字，但详细记述了周代的各种官方制造制度，其中"匠人营国"一节最为重要，此节内容涵盖了不同等级城市的形状、面积，城门数量，道路数量与宽度，宫室与宗庙、社稷的位置关系等，是对当时建筑实践经验的高度总结与概括。其中关于国都营造格局"方九里，旁三门。国中九经九纬，经涂九轨，左祖右社，面朝后市，市朝一夫"的记载，自春秋以降，直至明清，是各类城市、宫室、衙署营建时的准绳，并逐渐成为封建等级制度的重要基础。（图17）

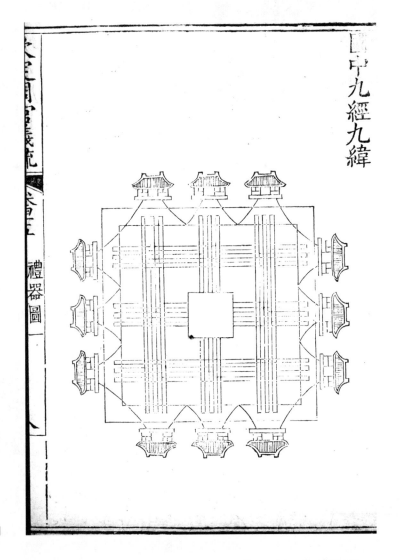

17

17.《周礼·考工记》中的匠人营国图

第二节 坛庙与陵墓

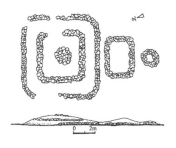

坛庙、陵墓都是权力与等级制度的物化体现，是反映国家意识形态的礼仪空间。早期坛庙与陵墓多基于"万物有灵"与"事死如生"的观念，随着等级制度与礼制的确立，其形制演化也被赋予了深层次的社会文化意义。

一、原始社会与夏商时期的祭祀建筑

原始社会时期的祭祀建筑可分为祖先崇拜与自然崇拜两种。前者多以墓葬形式出现，后者可分为室外祭祀设施与室内祭祀设施两类。

室外祭祀遗址多见于红山文化区域，良渚文化地域也有发现，以石质露天祭坛最为常见。如包头市大青山莎木佳祭祀遗址，长约19米，大致南北走向，由三座土石混合砌筑的祭坛构成。三坛间距1米，中轴对称，具有明显的秩序性与象征意义。（图18）

室内祭祀遗址以红山文化区域的辽宁凌源牛河梁女神庙最为典型。此建筑为半地下式，呈匕字形格局，南北长18.4米，东西宽6.9米。遗址内部出土了多件"女神"塑像残片，包括头、肩、臂等，是目前唯一有偶像出土的新石器时代祭祀建筑。出土的女神像有绿松石镶嵌的眼珠，栩栩如生。（图19）（图20）

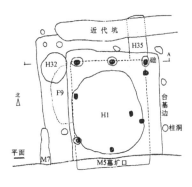

目前可确认的夏商时期祭祀建筑较少，除前述的二里头宫殿遗址可能为祭祀建筑外，殷墟妇好墓的墓上建筑遗址也是典型实例。此遗址位于墓圹正上方，据推测，上部原有一座小型建筑，是用来祭祀墓主的"宗"（即宗庙建筑）。此外在安阳大司空村商墓、山东滕州前掌大村商墓等若干墓葬上方均发现类似建筑遗迹，由此可推测，在墓上方建造祭祀建筑是商代的通行做法。（图21）除上述祭祀建筑外，夏商时期尚有各类以人殉或牲殉为特征的祭祀坑，如安阳武官村商代祭祀坑遗址等。

二、周代祭祀建筑

周代在礼制的主导下祭祀活动非常频繁，祭祀对象从自然神到祖先

18. 大青山莎木佳祭祀遗址示意图
19. 牛河梁女神庙遗址出土女神头像
20. 牛河梁女神庙遗址
21. 殷墟妇好墓遗址平面图

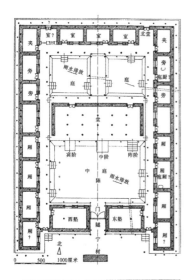

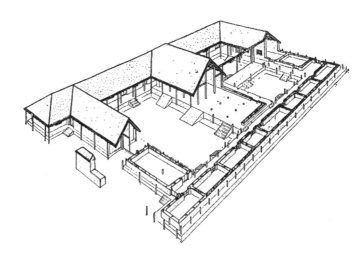

无所不包。陕西岐山凤雏村遗址是一处典型的周代早期祭祀建筑遗址。此遗址呈矩形，建筑平面为两进式院落，左右对称，中轴突出，是我国已知最早、最完整的四合院实例。院落最南端中央为一座屏墙，与后世的影壁颇为类似。墙北为院落正门，入大门北向为厅堂，规模颇大。厅堂两侧为带连廊的厢房，后部为二进院落，第二进院落被中部连廊分割为东西两个小院，最北侧为后室。建筑墙体为夯土墙内置木柱的构造，鉴于发现的瓦件较少，有学者推测屋顶的建造工艺采用了从茅草覆盖演进而来的沙灰抹面的做法。由于遗址内西侧厢房中发现卜骨窖藏一处，同时考虑到院落房屋的空间划分并不适合居住，因此学界多将此遗址认定为商周之际的祭祀建筑。（图22）（图23）

陕西凤翔县雍城遗址是秦国早期国都遗址，现已发现的多处祭祀建筑均具有中轴突出、左右对称的递进格局，显示出商周之际祭祀建筑的空间处理手法已相当固定而成熟。典型实例如凤翔马家庄一号建筑遗址，遗址平面为矩形廊院，外有墙垣环绕。建筑依南北轴线对称布置，南侧为正门，门东西两侧亦有门屋。院内有三座建筑，呈n字形排列，一般将其定性为宗庙建筑，北向建筑为太庙，取左昭右穆的格局。此外，中庭内还发现了大量的祭祀坑。（图24）雍城三号宫室遗址，是一座南北向纵列排布的五进院落，各院落内有数量不一的夯土台基，均取中轴对称模式。由于此五进院落的模式颇符合《周礼》中关于宫室"五门"制度的记载，故有学者将其归为秦国早期宫室。（图25）

三、汉代祭祀制度与礼制建筑

汉代初期的祭祀制度延续了秦代旧制，到成帝、元帝时期，由于儒家学说逐步取得正统地位，遂对祭祀制度大加改革，重点是于城市南郊祭天，北郊祭地。此制度在平帝时期由时任大司马的王莽最终确立。在此基础上，王莽又进一步推出了天地合祭之礼，并为东汉政权所继承，由此延续千年不变，直到明代嘉靖年间才恢复南北郊分祭天地的制度，清代则继承了分祭制度。与天地祭祀同等重要的是代表农业丰收的社稷祭祀。汉长安的官社与官稷遗址已在长安南郊发现。

22 | 23
24

22. 陕西岐山凤雏村西周建筑遗址复原平面图
23. 陕西岐山凤雏村西周建筑遗址复原图
24. 陕西凤翔马家庄秦国一号建筑群遗址平面图

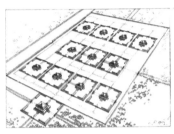

25
26
27
28

25. 陕西凤翔秦雍城宫室遗址平面图
26. 王莽九庙复原图
27. 明堂辟雍复原图
28. 仰韶文化的贝壳龙虎墓

汉代宗庙祭祀早期采用陵侧建庙祭祀的模式，至新莽时期则改为在长安南郊集中祭祀，该处遗址俗称王莽九庙，由11座规模相仿的回字形建筑构成，外侧围以墙垣。墙垣南侧中央另有一座类似的建筑，但体量增大约一倍。回字形建筑由中轴对称的围墙和方形夯土高台建筑构成，墙四面开门，正对高台建筑底部的四座厅堂。（图26）东汉光武帝时期，立高庙于洛阳，这是帝王神主合祭于一庙的最早记载。明帝之后，诸帝陵均不再设庙祭祀，改为在高庙内分室祭祀，由此开创了"同堂异室"的祭祀格局，并被后世沿用，直到清代覆亡为止。

除自然与祖先祭祀外，汉代还有一类重要的祭祀建筑，即"明堂辟雍"。王莽九庙东侧现发现一建筑遗址，形制颇为特殊，建筑最外沿为一圆形水道，直径360米。水道内为一正方形庭院，有墙垣环绕。中心位置为一座夯土高台建筑，夯土台为圆形，上部是一座亚字形二层建筑。通观此建筑，可以发现其造型反复使用了圆与方的元素，与中国古代"天圆地方"的宇宙观颇为吻合，亦与明堂辟雍的功能相符，故一般认为此遗址即为西汉明堂辟雍。（图27）

四、先秦时期墓葬

原始社会早期的墓葬多以公共墓地的形式出现，随着贫富分化与阶级对立，逐步出现了陪葬丰富的单人、多人墓葬，至仰韶与龙山文化时期，已有人殉墓葬出现。如河南濮阳西水坡遗址的仰韶早期墓葬，为竖穴土圹墓，墓主为一壮年男子，身侧殉葬有三名少年男女。墓主身体左右两侧有用贝壳精心堆塑的龙虎形象，为仰韶文化中首见。（图28）

夏商时期的高等级墓葬，普遍采用土圹木椁的形式，并以墓道数量来表示等级高低，安阳侯家庄商代大墓就是典型代表。此类墓一般四向设四条墓道，以南侧为主。墓圹内以厚木板累积砌筑成椁室，内置棺木与随葬品。（图29）安阳小屯妇好墓墓葬制较为特殊。此墓为竖穴式，未发现墓道，具体原因尚待考察，在周代墓葬中此类现象也偶有发现。（图30）

周代高等级墓葬多仍延续夏商时期的土圹木椁模式，早期墓葬上方或有祭祀建筑，但无封土。西周末期至春秋时期于墓上堆积封土的做法开始流行，至战国成为定制，并一直延续至清末。战国之后尚有在封土正上方建祭祀用享堂的做法，如河北平山县中山王陵。此陵经发掘已知墓葬为土圹木椁形式，有南北两条墓道。墓室上方有三级台阶状的封土。据推测此处是一座外廊环绕、上覆瓦顶的三层高台建筑。（见章前页图2）墓中还出土了一块名为"兆域图"的金银镶嵌铜版，上面刻绘的陵园平面布置，是我国现存最早的建筑总平面图。（图31）

五、秦代帝王陵

秦国早期的陵区位于陕西凤翔县，陵上不置封土，墓葬主轴均为东西向，体现了秦人尚西的习俗。秦孝公迁都咸阳后在城东设置陵区，此时陵墓形制与各诸侯国已基本趋同，均为土圹木椁带墓道，上置封土。

至秦始皇继位,在今陕西临潼地区营建了规模空前的陵墓。据考古发掘可知,始皇陵园为一南北向矩形,内外两道陵墙环绕。陵区主轴线为东西向,正门位于东侧,内垣偏西有寝殿等祭祀建筑。封土位于陵园内垣南侧,近正方形,为三层截锥体形式。地宫目前尚未发掘,墓室具体构造尚不可知,但依据当时的技术水平推测,应仍以木结构为主。(图32)目前始皇陵区发掘较充分的是一批陪葬坑,如陵区东侧的兵马俑坑,内垣附近的铜车马坑、珍禽异兽坑等。(图33)兵马俑坑目前已发现四处,坑内出土的大批陶俑与车马,生动地反映了秦代的军事制度,同时也体现了高超的艺术水准。(图34)铜车马坑出土彩绘铜车两乘,形象逼真,制作精细。

始皇陵的营建开辟了我国帝王陵制的全新阶段。一方面,始皇陵集早期陵制特征于一身,如秦人的尚西习俗,六国诸侯的高台封土、高大墙垣等均被采纳;另一方面,它还开创了以覆斗型封土为核心、中轴十字对称的新型陵区布置手法,对后世影响深远。

六、汉代皇陵与贵族墓葬

两汉皇陵中西汉皇陵保存得较好,九座位于汉长安城西北侧的渭水北岸,两座位于城东南隅,其中七座设有陵邑。洛阳东汉皇陵则破坏严重,资料较为匮乏。

汉代皇陵的形制在继承始皇陵模式的基础上进一步规范化。以西汉皇陵为例,除高祖与吕后合葬于一个陵区外,其他帝后均采取分区埋葬的模式。陵园一般呈正方形,墙垣环绕,四向开门。内部中心位置为覆斗型封土,寝殿、便殿等祭祀设施多置于陵区墙垣外东南方。典型者如宣帝的杜陵。(图35)

西汉高等级墓葬的墓室仍多以土圹木椁墓为主,另有少量凿山为陵的崖墓。至东汉时期,涌现出大量采用砖石拱券等新型结构的墓葬,此结构则在后期逐渐成为墓葬的主流形式。除墓室外,墓葬于地面一般会设置墓阙、神道柱、石像生、祭堂等纪念与仪式性设施。(图36)

汉代土圹木椁墓大体仍延续了早期的做法,但墓道的等级意义已基本消失。最高等级的木椁墓称为"黄肠题凑",如北京大葆台汉墓(图37)、湖南长沙象鼻嘴汉墓。普通贵族木椁墓如长沙马王堆一号汉墓,

土圹内以木板累叠，形成了一个棺室与四个边箱，棺室内置套棺四层，边箱用于放置随葬品。椁室之上置封土。（图38）

汉代崖墓多见于西汉早期，如河北满城中山靖王刘胜墓、徐州北洞山崖墓。满城汉墓为刘胜、窦绾夫妻合葬墓，但同陵不同穴。两墓凿山而成，墓内设甬道、耳室、中室、后室，形成前堂后寝的格局，生动地再现了主人生前的生活环境。（图39）墓内随葬品丰富，其中金缕玉衣最为珍贵，是我国首次发现的保存完整且有明确纪年的金缕玉衣葬服。

砖石拱券墓的做法至东汉晚期已日臻成熟，如河北望都二号汉墓，具有五进格局，参考壁画与随葬物可知，前一、前二两室模拟住宅前部庭院，中室模拟起居厅堂，后室模拟后寝，此外尚设有模拟厨房、厕所、储存室等耳室若干。

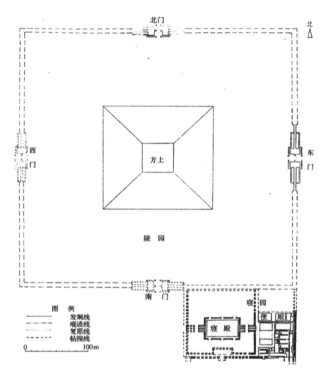

34	
36	
37	35
39	38

34. 仍保留有色彩的跪射俑
35. 杜陵帝陵陵园平面图
36. 高颐墓阙
37. 大葆台汉墓
38. 马王堆一号汉墓发掘现场
39. 满城汉墓窦绾墓内景

周代祭祀的对象依《礼记》所载主要包括天地、社稷、五祀、名山、大川、贤君圣人等。等级差异主要体现在祭祀内容上，如天地祭祀为天子专属，诸侯只可祭自身之社稷。天子可祭祀名山大川，而诸侯只可祭祀封地内的山川。礼制建筑的等级差异体现在样式上，如天子建明堂，取圆形，诸侯建泮宫，为半圆形，以示区别。宗庙的等级差异体现在数量上，《礼记》载："天子七庙，三昭三穆，与太祖之庙而七；诸侯五庙，二昭二穆，与太祖之庙而五；大夫三庙，一昭一穆，与太祖之庙而三。"所谓昭穆，指的是父子关系，父为昭子为穆，具体到建筑形式，则表现为太祖之庙居中，昭庙与穆庙分列左右。此种昭穆之制后期亦对陵墓营建产生了很大影响。（图40）

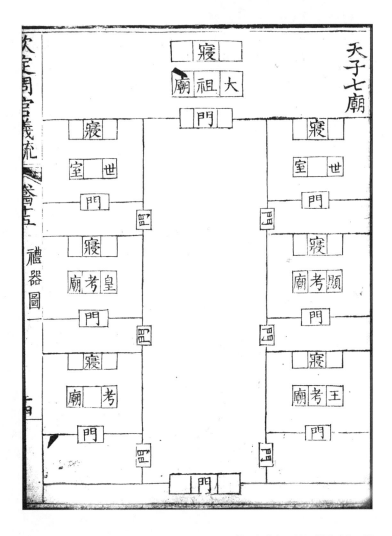

40

40. 天子七庙图

第三节 宗教建筑

宗教作为一种意识形态，需要通过信众的祈祷、仪轨、音乐和艺术等活动来表现，而用以承载此类活动的建筑实体，就是宗教建筑。

一、先秦时期的原始宗教遗迹

前述殷墟等处的各类祭祀坑、祭祀建筑多与原始宗教有关，各类地域性文明的原始宗教遗迹目前也多有发现，其中以四川广汉三星堆遗址最为绮丽神秘。三星堆遗址创建于商代晚期，目前已发现两个祭祀坑，出土器物以青铜器最为精美。其中青铜面具形象怪异，体积庞大，另有一具通高达2.62米的青铜人像，此外"神树"，金面罩，玉、牙、骨等质地的器物亦有大量发现。另据一号坑出土器物上的焚烧痕迹可推测，该遗址进行过所谓的"燔燎"仪式。由此可推知，三星堆曾是祭祀天地与自然神的场所。此外，坑内出土的骨渣据分析均为动物骨骼，与当时中原地区的人殉习俗颇不相同。（图41）

二、道教的萌发与佛教的东传

道教是源于中国本土的宗教，至东汉时期已基本成型。参考后世实例可推测，当时道教建筑应尚未形成自身的建筑特色。佛教的引入是中国文化史与建筑史上的转折性事件。佛教信仰与理论在随后的千余年间极大地改变了中国的文化形态，同时也深刻地影响了中国建筑的发展轨迹。学界普遍以东汉明帝永平十一年（68年），天竺僧人营造洛阳白马寺作为中国佛教建筑的起点。《魏书·释老传》载："自洛中构白马寺……为四方式，凡宫、塔制度，尤依天竺旧样重构之。"由此可见当时的佛教建筑还只在模仿印度本土的样式。但这种域外的建筑形式不易为本土士庶所接受，所以在很短时间内佛教建筑的样式就本土化了，其中佛塔样式的变化最具典型性。《后汉书·陶谦传》载陶谦的下属笮融"大起浮屠祠，上累金盘，下为重楼，又堂阁周回"。这段关于我国早期佛寺与佛塔形象的描述可以印证此时的佛塔造型已全面汉化，其样式嬗变为上部装饰铜质多重相轮，下部为楼阁式建筑，与印度的覆钵式佛塔已经大相径庭。塔外部环绕围廊、堂阁，大致还是四方式，保持了早期以塔为中心的院落布局。

41
42
43

41. 三星堆青铜面具
42. 孔望山摩崖造像
43. 襄阳地区出土的汉代陶楼

江苏连云港孔望山摩崖造像，开凿于东汉时期，具有明显的佛教特征，但有一部分浮雕形象据研究可能为道教造像。由此也反映出佛教在最初传入时与道教有过一段共处的时期，彼时其尚未形成自身的鲜明特征。（图42）此外，四川什邡出土的东汉画像砖上可见早期佛塔形象，其已具有明显的木结构楼阁特征。湖北襄阳近年出土的一座陶楼上部有相轮状饰物，也可将其视为佛教与汉地建筑结合的产物。（图43）

案例解析 塔、浮屠与窣堵坡

塔源于印度，梵语发音为 "Stupa"，汉译为窣堵坡或浮屠，后简称为塔。在早期佛教中，塔为圣徒先贤的埋骨之所，后逐步成为佛教徒的膜拜对象。如传说阿育王塔中供奉的即为佛祖释迦牟尼的舍利。早期印度佛塔为覆钵状，分为塔基、塔身和顶部伞盖三部分，以桑奇大塔最为典型。后期随着佛教的传播，佛塔的形态逐渐开始变化，产生了犍陀罗式佛塔。犍陀罗式佛塔与早期样式的最大区别在于塔身与伞盖逐步趋于细长，塔基由圆转方。至东汉时期佛教传入中国，犍陀罗式塔遂被称为天竺式塔。佛塔形态本土化后，整体外观为汉式木制楼阁，犍陀罗塔的形象则缩小变形，转化为塔刹，置于楼阁顶端。（图44）（图45）

44 | 45

44. 巴基斯坦塔克西拉犍陀罗式佛塔
45. 应县木塔塔刹

第四节 民居、聚落与园林

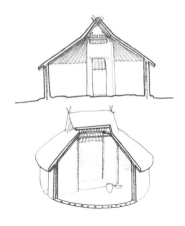

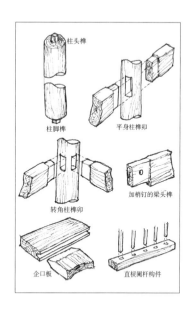

住宅是人类最早使用的建筑类型之一，也是最具时代与地域特征的一类建筑。帝王与高级贵族的住宅一般属于宫室范畴，普通臣庶的住宅则称为民居。聚落是指自新石器时代以来，因从事农业生产而形成的聚居之处。后来，聚落逐渐分化为非农耕的城市与以农耕生产为主的乡村。现今论及聚落多指乡村，一般不涵盖城市。园林，一般指供人游憩的场所，早期多具有生产、狩猎功能，面积广大。后来，园林逐步分化为皇家园林与私家园林两个分支，体现出了不同的风貌与价值取向。

一、先秦时期的民居与聚落

先秦时期的民居依地域不同，大致可分为北方的土木混合穴居体系与南方的木结构干阑体系。在黄河流域，黄土堆积深厚，先民很早就采用了就地掘坑居住、上建屋盖以遮蔽风雨的方法。早期建筑深入地下较多，称为穴居建筑。至新石器时代，以仰韶文化的半坡遗址为代表，已出现了直接建于地面之上、以木骨泥墙为主体结构的民居建筑，类似做法一直延续至商周时期。（图46）在密林或水网地带的先民则开创了纯木结构的建筑体系，以浙江余姚河姆渡文化的干阑式建筑最为典型。此时的先民已掌握高超的木结构技术，能熟练制作、运用各类榫卯结构。这种先进的技术也为后世中国传统木建筑的发展提供了可能，具有极其深远的影响。（图47）（图48）

先秦时期的聚落，多选址于距河流两岸有一定距离的台地之上，水网地带使用干阑式建筑的聚落则有临水而建或直接建于浅水之上的实例。此类聚落多外设堑壕围栏，内部以居住区为主，手工业区与墓葬区多分布于外围，陕西临潼姜寨遗址就是一个典型实例。（图49）

二、汉代居住建筑

通过明器与画像石（砖）等材料，可以看到汉代居住建筑无论是建筑结构、空间处理还是细部装饰，均已相当成熟。一般情况下，汉代居住建筑多采用院落围合模式，但尚未形成严格的中轴对称布局，形式较为自由。小型院落有单进、两进等形式，中等规模的院落则多为偏正跨院模式，主院与跨院均为两进以上，有的还在院内设置塔楼。大型居住建筑常于门侧置双阙，以彰显自身地位。内部则广辟庭院，有的还附有园林。（见章前页图3）

汉代宗族观念盛行，加之战乱频仍，豪门巨户多聚族而居，由此形成了一种创新性的建筑——坞壁（坞堡）。此类建筑形同一座小城，外设高墙深垒，内部屋宇众多，核心位置往往设置高大的塔楼用于瞭望、防御。（图50）居所内的单体建筑自外而内主要有门屋、厅堂、楼屋、塔楼、阁道、廊庑等。坞壁门屋上方常建有楼屋，一般为二至三层，意在加强

46. 半坡原始居住建筑复原图
47. 河姆渡井亭复原图
48. 河姆渡遗址出土榫卯类型图

防御。楼屋的屋脊两端已有类似后世鸱尾的装饰物出现。塔楼是坞壁内的制高点，平面一般为方形，高三层左右，形态与后世的楼阁式佛塔颇为类似，由此也解释了佛塔汉化过程中模仿对象的来源。（图51）此外尚有少数塔楼直接置于水池之上，文献称这种建筑为"水阁"。

三、汉代皇室与贵族苑囿

御苑田猎设施在周代就已出现，至汉代得到了极大发展。（图52）长安上林苑是汉代最著名的皇家苑囿。鼎盛时期的上林苑规模宏大，功能繁多，《两都赋》载："（上林苑）林麓、薮泽、陂池连乎蜀汉，缭以周墙四百余里……离宫别馆三十六所。"苑内最突出的设施是昆明池及其附属建筑。昆明池本为训练水军而设，但后期逐步成为观景娱乐之所。此外《关辅古语》云："昆明池中有二石人，立牵牛、织女于池之东西，以象天河。"这种基于天人感应观念、以实物模拟天象或仙界的尝试，在日后逐步成为皇家苑囿的惯例。除娱乐功用外，上林苑内还有大量的宗教设施，同时由于地域广大，各类林木繁盛，上林苑也是重要的田猎、养殖场所。《汉旧仪》载："上林苑方三百里，苑中养百兽，天子秋冬射猎取之。"《西京杂记》载："初修上林苑，群臣远方各献名果异树，并制以美名，以标奇丽。"这些进贡的花木，据不完全统计，有两千余种，苑内植被的瑰丽程度由此可见一斑，同时这也反映了西汉时我国高超的园艺栽培技术。

汉代贵族豪富的苑囿与帝王的类似，多以模拟自然风光为主，普遍面积广大，内容繁多。（图53）值得注意的是，在帝王豪富执迷于奢靡营建的同时，随着社会动荡的不断加剧，士大夫阶层内逐步出现了以自然为独立审美对象、追求出世生活的价值取向，由此也为日后士大夫园林的形成奠定了思想基础。

50	49
51	
53	
	52

49. 陕西临潼姜寨遗址复原想象图
50. 汉代坞壁式陶楼
51. 汉代多层陶楼
52. 汉长安及附近宫苑分布示意图
53. 河南省博物馆藏东汉绿釉陶水榭

案例解析 仲长统与士大夫园林的萌芽

汉末至魏晋时期，社会动荡不堪，士人多无力面对，于是寄情于山水、追求隐居避世成为流行风尚。反映在园林营建上，就是不再满足于单纯占有、模拟自然，而是将景观与自身的生活态度、政治抱负相结合，由此呈现出了以自然为独立审美对象，并赋予其人文意义的特征。这种思潮直接促成了南北朝时期士大夫园林的出现。

仲长统是东汉末期的著名哲学家，他关于人生理想与生活方式的论述颇具代表性。《后汉书》载："（统）常以凡游帝王者，欲以立身扬名耳。而名不常存，人生易灭，优游偃仰，可以自娱，欲卜居清旷，以乐其志。论之曰：'使居有良田广宅，背山临流，沟池环匝，竹木周布……逍遥一世之上……不受当时之责，永保性命之期，如是……岂羡夫入帝王之门哉。'"（图 54）

54

54. 南朝大墓出土竹林七贤与荣启期砖雕局部

第五节 建筑艺术与技术

建筑是社会生产与生活的一部分,是社会文化的产物与载体。不同时期的艺术与技术会产生不同的建筑形式。

一、结构技术与材料

新石器时期以来的北方泥木混合体系奠定了传统建筑的基本构成模式,而南方的榫卯体系则成为木结构的核心营造技术。至夏商时期,两种技术融会合一,奠定了中国传统建筑的发展基础。

周代结构技术的进步主要体现在斗拱的出现与榫卯结构的精细化。斗拱是中国传统木结构建筑的技术核心与形象代表,至周代已有斗拱施于柱端的做法。此时的斗拱多为大栌斗或一斗二升的形式,典型者如中山王陵出土的铜方案。(图55)榫卯技术方面,从各类周代棺椁上可以看到,后世常见的燕尾榫、半榫、透榫等此时均已出现,显示出榫卯技术在周代已相当进步与成熟。(图56)一斗三升斗拱的出现标志着汉代木结构技术发展到了一个全新的高度,由此也奠定了中国斗拱的基本模式。(图57)随着结构技术的进步,汉代多层建筑开始逐步摆脱夯土高台的制约,向纯木结构的多层建筑发展。

建筑材料方面,本时期最突出的变化是陶制材料的普遍使用。早期建筑多以植物纤维覆盖屋顶,晚商时期开始初步使用陶制屋瓦,至周代,陶制材料的使用日趋普及,开始整体覆盖屋面,一改茅茨土阶的旧貌。同时陶砖也开始出现,至战国晚期已有空心砖用于墓葬的实例。汉代除陶瓦的使用继续普及外,各类实心、空心陶砖大量用于各类墓室,逐步改变了早期土圹木椁的墓葬形式。(图58)

二、先秦时期的造型与装饰艺术

原始时期北方的泥木混合建筑在体量较小时多采用圆锥形屋顶,较大型的则采用坡形屋顶。南方纯木结构建筑多采用两坡型屋顶。室内

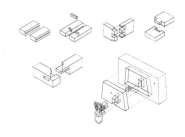

56
55

55. 中山王陵出土铜案
56. 战国木椁使用的榫卯技术图

外装饰以简单的白灰涂抹为主，在个别遗址中发现了于白灰表面绘制几何纹样的实例。（图59）

夏商时期的高等级建筑以夯土台基之上的木骨泥墙建筑为主，屋顶样式主要为两坡与四阿顶，如殷墟妇好墓出土的偶方彝，上部为四阿顶，檐下有梁头状装饰物。（图60）参考同期墓葬中各类棺椁所使用的雕刻与漆饰技艺，可知此时的建筑装饰已十分发达。具体色调可能以黑红两色为主，如安阳殷墟建筑遗址中就发现白色墙皮之上存在红色纹样与黑色斑点的图案组合。具体纹样则非常丰富，如回纹、云雷纹、饕餮纹等。（图61）

周代建筑多数为单层，少量为二至三层，形成了占地较广、单体尺度较小的整体形象。其屋顶样式仍多为四阿顶，此外还有方形攒尖顶的形式出现。就高等级建筑而言，外观与夏商时期的最大差异在于出现了斗拱结构。建筑装饰上周代大体继承了商代的做法，一般于墙面上涂刷彩绘，于木结构上施以漆饰。据《礼记》记载，周代曾依据等级制度对建筑色彩做过详细规定，如针对柱子："楹，天子丹，诸侯黝，大夫苍，士黄。"《尔雅》有"地谓之黝，墙谓之垩"的记载，即地面刷黑、墙面刷白的做法。室内装饰方面，除广泛使用各类织物装饰墙、地面、柱身外，还往往在金釭的外部装饰绵密的花纹，华丽异常。金釭是壁间横木上的饰

58 | 57
59
61
　　| 60

57. 汉代陶楼斗拱的一斗三升做法

58. 中山王陵出土的大型筒瓦

59. 陶寺遗址出土刻画几何图案的白灰墙皮

60. 偶方彝

61. 商代椁板与漆器残迹

物,除装饰作用,还能起到加固木结构的作用。具体装饰纹样除与前期雷同者外,另有龙凤纹、鸟兽纹等出现。(图62)

三、秦汉时期的造型与装饰艺术

秦代建筑造型大体与战国时期类同。史称秦代尚黑,以咸阳宫建筑遗址内发现的壁画残片为例,色彩的确以黑色为主,但其余尚有黄、赭、朱、青、绿等色。内容上既有以几何形状构成的装饰图案,也有描绘马车出行、自然风光的写实壁画。可见秦代宫室的装饰内容与色彩均已极为丰富。(图63)

汉代建筑的整体形象随着木结构技术的发展,产生了较大的变化,最典型的莫过于斗拱形象的日益突出和多层楼阁的出现。此外,屋顶脊部的装饰也逐步成熟,置于正脊两端的饰物,其形象已与后世的鸱尾非常接近。同时,汉代建筑正脊中部常放置几何形或禽鸟状物体作为装饰。(图64)室内装饰方面,作为后世室内装饰重要手段的天花与藻井已得到广泛使用,参考汉墓实例,有平顶、两坡、覆斗、穹窿、筒形、斗四等诸多形式。

建筑色彩方面,地面多以黑、红、青诸色涂刷,墙壁多用白色与青色,亦有绘制壁画的记录。木结构则多为朱紫之色。此外还有很多以织物,乃至玉器装饰梁柱屋架的记载。汉代的装饰题材较早期大为丰富,上至神仙鬼怪、日月星辰,下至节妇孝子、草木走兽,可谓无所不包。其表现手法也呈百花齐放之态。(见章前页图4)

64 | 62
   | 63

62. 曾侯乙墓出土漆盾纹饰
63. 秦咸阳宫三号宫殿遗址出土壁画
64. 河南省博物院藏汉代陶楼

金釭是兼有结构与装饰作用的建筑构件，盛行于春秋战国时期。目前所见的金釭以秦雍城遗址出土的最为完整与典型。《广雅·释器》载："凡铁之中空受纳者，谓之釭。"对照实物可知，此类构件一般为一字或曲尺形，截面为矩形，内部为中空框架。先秦时期由于木结构技术尚不完善，墙体内多设置壁柱、壁带，用以加强结构的稳定性。此类构件的节点就成为使用金釭进行加固与装饰的重点之处。早期金釭可能仅为素面形式，但后期装饰性日益增强，除表面密布纹饰之外，其边缘还被巧妙地制成了锯齿状，这一方面保持了力学功能，另一方面也大大增强了装饰性。（图 65）（图 66）

65 | 66

65. 金釭使用方法图
66. 秦雍城遗址出土的金釭

第二章
三国、两晋、南北朝、隋、唐、五代时期的建筑

三国至南北朝时期是中国历史上第一个大分裂、大融合时期，长期的战乱使中国北方地区遭受到严重破坏，在游牧民族不断进入中原腹地的同时，大量汉族人口被迫南迁，由此也带动了江南地区的发展。以北魏为代表的各少数民族政权，为巩固统治、笼络人心，多效法汉族政权，以彰显自身的正统地位。偏安一隅的南朝政权为显示正朔所在，也极力维护汉魏传统。由此使得本时期的建筑营造，特别是城市建设多以汉魏旧制为蓝本，南北对立政权之间也多有相互攀比争胜之举。但随着社会的发展，本时期的建筑营造还是出现了很多转折性的变化。以邺城和建康为代表的都市开创了中国封建城市的全新格局，宫室与祭祀建筑进一步规整化，里坊制在此时也日趋成熟，并最终在隋唐之际发展到辉煌的顶峰。本时期动荡的社会生活直接促成了佛教的勃兴，使佛教建筑获得了空前的发展。此外玄学的盛行在士大夫人群中逐步孕育出清寂内省、无为出世的文化倾向，为后期士大夫园林的发展奠定了基础。

589年隋统一中国，经历了隋末短暂的变乱后，诞生了空前强盛的唐王朝。与繁荣稳定的经济社会状况相适应，依托长安、洛阳等世界级大都市，唐朝出现了太极宫、大明宫、武则天明堂、乾陵、龙门石窟等一大批旷世之作，充分彰显了封建社会极盛期的强大国力，迎来了中国传统建筑发展的第二个高峰，由此也对周边地区产生了广泛的影响。以木结构为核心的建筑技术在本时期逐步趋于成熟，建筑材料与装饰内容借助本时期繁盛的文化交流也得到了极大地丰富与完善。

经历了唐末的藩镇割据后，中国再次进入一个大分裂时期。五代十国时期黄河流域战乱频仍，长江流域则相对平稳，其建筑营建继承了唐末以来的传统，并有所发展，对宋代建筑产生了明显影响。

3	1
4	2

1. 魏晋洛阳平面图
2. 唐长安城皇城入口朱雀门复原示意图
3. 南禅寺室内
4. 敦煌第320窟藻井

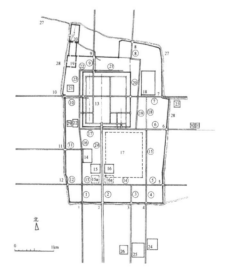

第一节 城市与宫室

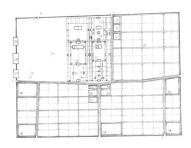

三国至唐末,是里坊制的极盛期,孕育出了以隋唐长安为代表的一系列城市。同期的宫室建筑在继承汉代发展成就的基础上,进一步规整化,纵深序列得到持续加强。

一、邺城与北魏洛阳

邺城是曹魏政权的早期治所,其规划特征对后世产生了重要影响。邺城以一条贯穿全城的东西向道路将城市一分为二,宫室、苑囿与贵族居住区置于城北,南向则为封闭的里坊与市肆。城内仅设一座宫城,改变了汉代以来多宫并置的格局。宫门南向正对城市主干道,道路两侧安置有各类衙署,从而突出了其城市中轴线的地位,使其更加严整、壮观。西侧是皇家苑囿,西城墙上还建有集观景、瞭望、避险、储存等功能于一身的高台建筑,史称"邺城三台",著名的铜雀台就是其中之一。(图1)

220年,曹丕开始在东汉洛阳的基础上兴修国都。首先是放弃已残败不堪的南宫,转而增修北宫。此时北宫成为城市核心,宫门南侧长达2000米的南北大街贯穿整个洛阳城的南部区域,成为城市新的中轴线。大街两侧分别布置了各类衙署与宗庙、社稷,整体布局明显吸收了源自邺城的成功经验。(见章前页图1)

493年,北魏孝文帝迁都洛阳。出于与南朝争胜的需要,北魏统治者在修建国都的过程中竭力模仿魏晋洛阳的格局,借以标榜正统。同时为了巩固统治、俘获人心,北魏统治者还大力提倡佛教,最高峰时洛阳城内的寺庙数量曾达到一千三百余座。北魏洛阳城以旧城为核心,宫城大体仍沿用汉代北宫旧址,南向宫前大道予以保留,同时继续南延,形成了纵深近五千米的中轴线。通过修整旧城街道,城内形成了三横三纵的格局,体现了《周礼·考工记》的影响。同时由于城市人口已达60万至70万,遂以旧城为内城,将各条主干道向外延伸,于道路间安排里坊居住区,并于东西各设一市,最外侧加筑矩形东西向外郭。通过以上的改造,北魏在保持旧城格局的同时,成功拓展了新区,形成了总面积达53.5平方千米的洛阳城。这种创新性的城市布局对隋唐时期的城市建设也产生了很大影响。(图2)

二、南朝建康城与宫室

建康城原为三国时期孙吴的都城——建业,自东晋建都于此后,为南朝各政权所沿用。建康选址于秦淮河北岸的河口处,由于区域内丘陵众多,水网密布,因此城市建设也多依地形而为,形成了内部严整、外围自由、面积广大、人口众多、经济发达的特征。

晋室南渡初期,立足未稳,所以一切从简,宫室周长仅1600米左右。自东晋中期至梁武帝时期,以魏晋洛阳为蓝本,历经百余年的营缮,建

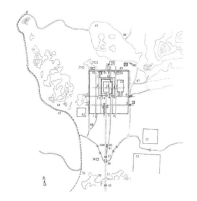

3. 南朝建康城平面图
4. 采用早期偶数开间做法的法隆寺中门
5. 源自南朝木结构技术的四天王寺山门
6. 西安各时代城市与陵墓位置示意图

康城形成了以外郭包围内、外城的三重城垣格局。外城最多时开有12座城门,内部宫城位于城内中部偏北。在城市外围,自东晋以竹篱随地形营建外郭开始,历经百余年,最终形成了面积达近百平方千米的外郭。城内道路在鼎盛时期主要有三纵六横共九条大道,其中以连接内外城正门的御道最为重要。此道路自宫城正门一路南延,穿越繁华的秦淮河区域,直达南郊,总长5000米有余。(图3)历代南朝政权虽然偏安一隅,但仍以华夏正统自居,所以在建筑样式与规格上也不断创新,力求胜过北朝的同类建筑,彰显自身实力。

建康城极盛时期的人口达到了近两百万,民居与市肆多位于秦淮河两岸。这些地区虽以里巷命名,但并未模仿洛阳城内方正封闭的里坊格局,而是顺应地形,采用了开放便利的自由街市布局,这也是中国城市首次大规模使用自由街市制度。但出于制度延续与安全的考虑,内城的民居与市场依旧延续了两汉以来的里坊制模式,较外围居民区要严整封闭许多。此外城北与城东由于环境优美,人烟稀少,多有权贵建宅于此。与北魏洛阳类似,建康城内也有大量的佛寺建筑,在梁武帝时期,最多时曾达五百余座。此类建筑现虽已无存,但参考日本飞鸟时代的法隆寺(Horyuji Temple)与四天王寺(Shi Tennoji Temple)仍可大致了解其概貌。(图4)(图5)

三、隋唐长安

隋文帝在开皇二年(662年)决定迁址新建都城。其《建都诏书》云:"曹马之后,时见因循,乃末代之宴安,非往圣之宏义。此城从汉以来,凋残日久……今之宫室,事近权宜……不足建皇王之邑。"迁都表面上以汉长安城残破已久,不宜居住为理由,但实质上则是因为隋朝统治者将魏晋时期视为没落之世,希望通过营建新都来体现隋朝的全新气象并展示其正统形象,以便为随后的统一战争制造舆论与民意基础。由此也再次体现了中国封建城市作为统治核心与国家意志产物的突出特征。(图6)

在宇文恺的主持下,隋朝仅耗时10个月就完成了新都城的宫城部分。文帝将都城命名为大兴城,宫殿为大兴宫。此时城内的里坊与外郭虽已完成设计规划,但大部分仍在修建之中。唐取代隋后,改城名为长安,宫名为太极宫,同时遵循已有规划,继续兴修城内设施。唐高宗时期,以大明宫的完工为标志,长安城的营建工作才基本结束。至904年被朱温拆毁,这座中国封建时代最伟大的城市存在了321年。

长安城为方形,由两重夯土城墙环绕,分为外郭与内城两个部分,其中内城又分为南部安置官僚衙署的皇城和北部的宫城。长安城的总面积达84平方千米,以夯土城墙内的面积计算,是中国封建时代面积最大的都城。宫城置于城北,面积4.2平方千米,恰为城市面积的1/20,皇城和宫城面积合计为9.6平方千米,接近总面积的1/9,显示出了以皇城、宫城尺度为模数来进行城市规划设计的特征。隋代时依据《周礼·考工记》的要求,外郭上每侧各设三座城门(唐代时在北侧增修至六座城门),形成了气势恢宏的三横三纵主干道体系,其中以宫城正门南侧的朱雀大街

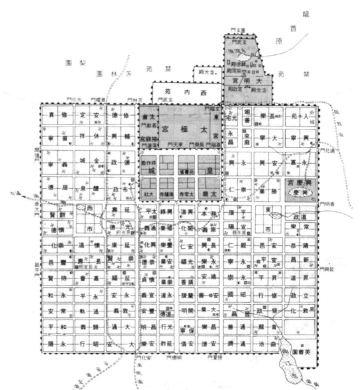

7. 隋唐长安城平面图
8. 唐长安城明德门复原示意图
9. 荐福寺塔
10. 大秦景教流行中国碑碑首

最为开阔,大街宽度达155米,其余主干道多为50~120米。(图7)(图8)

城内以朱雀大街为轴心,对称分布了一百多个里坊与东西两个市肆。里坊与市肆均有坊墙环绕,墙外种植以槐树为主的行道树。全城形成了网格状布局,景观效果整齐划一,但又颇显单调。此外,由于城市面积巨大,宫城与衙署又远在城北,长安城南北两部分的发展很不均衡。达官显贵争相在北部建宅设府,这使得城北部,特别是东北区域极为繁华。而城南则是一片萧条,终唐一代,南城的四列里坊虽经官方大力倡导营建,但仍旧是烟火不接的耕垦种植之地。

长安城内宗教流派众多,除佛教外,尚有各类域外宗教,如祆教、景教、摩尼教等,对外交流的繁盛由此可见一斑。各类宗教建筑中以佛教建筑最为兴盛,城内朱雀大街两侧及城西、城南建有大量的佛寺,典型者如荐福寺、大慈恩寺等。(图9)(图10)

隋唐长安是人类进入资本主义社会之前兴建的最大规模的城市。城市的营建在附会《周礼·考工记》的同时,也继承了自邺城以来,特别是北魏洛阳的规划经验,并加以规整化、条理化。此外它还成功运用了以模数制为基础的规划设计方法,通过里坊制和南北向正交道路体系形成了宏大严整、分区明确的城市格局。隋唐长安城是中国古代都市规划的空前杰作,对国内边远地区与东亚各国也产生了深远影响。

四、隋唐洛阳

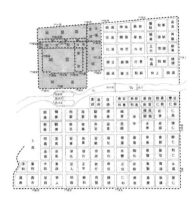

隋唐洛阳始建于隋炀帝时期，也是由宇文恺等人设计完成，营建目的在于加强对中部与南部广大区域的控制。洛阳宫城于大业元年（605年）开建，仅10个月即完工。大业五年（609年）改洛阳为东都，由此形成了东西二都的格局，并为唐代所继承。至武周时期，以洛阳为神都，朝廷常驻于此，此时的洛阳已代替长安成为政权中心所在。唐朝后期，虽然国都移回长安，但洛阳始终是陪都，直至五代时期毁于战火。

隋唐洛阳的整体规划与长安类似，同样以宫城为基本模数进行规划。城市属于异地新建，选址于汉魏洛阳旧城以西约8000米处。但由于是陪都，因此各项规制均较长安城递减，同时宫城也偏置于城西北，以示区别。隋唐洛阳在设计之初模仿建康，以洛水模拟秦淮河横穿城市，将其分为了南北两个城区。北区多为宫室、衙署与贵胄住宅，南区为民居与市肆。西北侧的宫城与皇城格局与长安相同，但为加强防卫，于宫城外侧增建了诸多小城以为屏障。由于宫城偏置，致使城市轴线偏向西侧，宫城南向的定鼎门大街是城市的主干道。城内民居与市场依旧沿用里坊制，但尺度缩小，恢复了方500米的古制。据记载，城内有一百余坊与三座市场，其中以北市最为繁华——此处靠近唐代最重要的粮仓含嘉仓，各方漕运船舶、商旅人口齐聚于此，热闹非凡。（图11）（图12）（图13）

由于城内水系发达，物资运输远比长安便利，因此洛阳成为对关中平原进行物资补给的重要转运枢纽。隋唐政权以此为陪都，乃至长期居留于此，均与这种便利性有关。但洛水穿城也带来了很多问题：洛水常年泛滥不断，导致城市屡遭破坏，同时由于河道导致城市防御出现缺口，自隋末至唐末，屡次战乱敌军均以河道为突破口长驱直入。

五、长安与洛阳宫室

长安宫室初期以太极宫为核心，至唐高宗龙朔三年（663年）移居大明宫后，太极宫始沦为闲散之地。太极宫位于长安城中轴线北端宫城的中心位置，东侧为太子东宫，西侧为掖庭与内侍省，南侧为皇城内的衙署。（见章前页图2）北倚长安城北墙，隔墙为内苑与禁苑。（图14）内苑与禁苑除可供游赏，也是战时避险出逃的一条捷径。

大明宫旧址原本是贞观年间为太上皇李渊所建，到高宗时期，由于太极宫地势低下，潮湿拥挤，于是在城东北大明宫旧址之上兴建宫室，并沿用了大明宫的名称。大明宫面积广大，整体布局与太极宫类似，顺地形自南向北依次升高，设有朝、寝、苑囿三区。大明宫南向正门为丹凤门，入内为长达五百余米的宫前大道，正对高居十余米台基之上的前殿——含元殿。含元殿是一座面阔13间的大型殿宇，殿前有长达七十余米，被称为龙尾道的上殿坡道。殿前左右各有三出阙楼一座，以阁道与殿宇相连，形成环抱之势，整体造型雄伟，气势恢宏，充分反映了盛唐气象。《剧谈录》载："凿龙首岗以为基址……高五十余尺……倚栏下瞰，前山如在指掌……蕃夷酉长仰观玉座，若在霄汉。"含元殿的用途与太

14. 长安宫城图
15. 含元殿建筑群复原示意图
16. 麟德殿复原模型

极宫承天门类似，是元正、冬至的大朝之所。（图15）

含元殿北侧是大明宫的正殿——宣政殿，该殿两侧分布着各类中枢机构，逢朔望之日在此进行常朝朝会。宣政殿建筑群以北是大明宫的寝区，帝寝以紫宸殿为核心，逢单日在此进行日朝朝会。后寝区以蓬莱殿为核心，最北侧是面积广大的御苑，苑内西侧有麟德殿、大福殿等建筑，用于非正式接见与宴饮，均以规模宏大、装饰奢华著称。（图16）

隋唐洛阳宫室以太极宫为蓝本，整体布局差异不大。最大的变化出现在武周时期，当时为建设明堂将宫室正殿乾元殿拆除，同时将寝区主殿贞观殿改建为了天堂。至武则天死后，这些建筑大都被拆毁改建，五代时期战乱频仍，洛阳宫室逐渐毁坏无存。

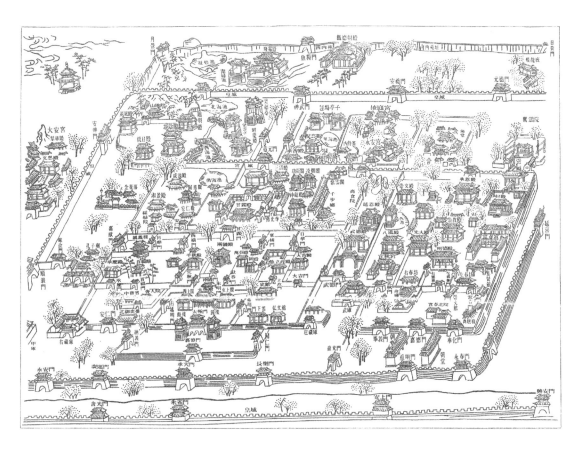

三朝之说见于《周礼》与《礼记》，郑玄注云："周天子诸侯皆有三朝，外朝一，内朝二，内朝之在路门内者或谓之燕朝。"后世又按位置与功能将其分为外朝、中朝、内朝或者大朝、常朝、日朝。三国至南北朝时期，帝王宫室一般于主殿两侧分设辅助殿宇，分别用于不同性质的朝会，史称东西堂制。入隋后，文帝附会古制改为三朝南北并立的格局。这种格局自隋代始，成为宫室营建的标准模式。五门之制，郑玄云："天子五门，皋、库、雉、应、路，"指的是为符合三朝的需要设置递进的院落，各进院落间的大门至少要有五处。秦雍城宫室遗址是目前所见最接近五门制度的实例，后世宫室多附会此说，但数量往往更多。（图17）

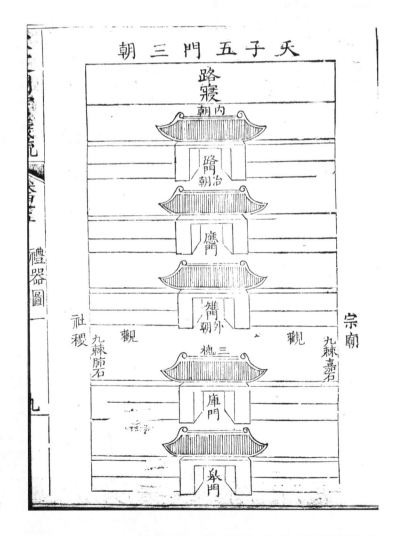

17

17.《钦定周官义疏》所载三朝五门图

第二节 坛庙与陵墓

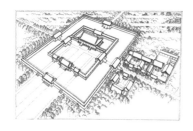

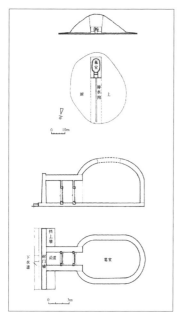

本时期的礼制建筑仍以宗庙与明堂最为重要。宗庙大体仍沿用了东汉以来的同堂异室祭祀制度。明堂之制历来争议不断,隋唐之际曾屡次倡议兴修,但只有武周明堂得以建成。南北朝时期社会动荡,国力衰败,各类陵寝大多形制简陋。唐代国力昌盛,为彰显权势,产生了以山为陵的全新做法,其奢华程度远远超越了前朝旧制。

一、分裂时期的礼制建筑与陵墓

南北朝时期的宗庙建筑多采用同堂异室的格局,随着王朝绵延,为容纳日益增多的受祭对象,便在面阔方向上不断增加开间,形成了狭长形的建筑。此种做法为隋唐所继承,一直延续到宋金时期。据考证,此时期洛阳与建康的太庙在庭院中心建有面阔达16间的大殿,是一组非常宏伟的建筑群。(图18)

明堂在历代均被视为祭祀建筑的核心,两晋与南朝各政权曾以常规殿宇作为明堂之所,虽与古制不符,但也勉强可用。北魏政权曾在平城新建明堂,但规制简陋。迁都洛阳后人力、物力多投入佛教寺院建设,加之关于明堂形制的争议不断,明堂始终未能建成。天地祭祀设施则多沿用两汉时期的旧制,一般于城郊筑圆形土台,高二至三层,于台顶露天祭祀。

陵墓建筑在结构上大多采用自东汉以来日趋成熟的砖拱券技术,也有少数凿山为陵的做法,但普遍规制不高,装饰简单。如晋武帝墓的墓室规制甚至还不如汉代高级官僚的墓葬,晋穆帝的永平陵封土仅高六米。北朝陵墓相对较大,如平城的方山永固陵,分为前后两室,墓上封土残高约23米。晋代墓前多设双阙,至南北朝时期一般于墓前设墓表、墓碑及各类石兽。(图19)(图20)

二、隋唐明堂

明堂制度发展到南北朝时期已基本定型。一般于内祭祀昊天上帝与五帝,同时以列祖列宗配飨,借以沟通人神,表明政权受命于天的正当性。隋代曾多次倡修明堂,但由于政治因素与规制争议均未能付诸实施。唐太宗在贞观时期曾两次讨论建设明堂,但群臣争议不绝,同时又忙于平定高句丽叛乱,最终不了了之。高宗时期在永徽与总章年间两次提出建设明堂,但又陷于规制之争,难有结果。实际上,此时明堂规制已经沦为了群臣内斗争权的工具。

武则天于弘道元年(683年)代唐自立,女性君临天下堪称旷古未有之事,其所面临的压力可想而知。由此也使得她在登基之初就异常急迫地提出要营造明堂,借以标榜其正统,消弭反对舆论。垂拱三年(687年)二月,武周将洛阳宫室的正殿乾元殿拆除,在此基址上新建明堂,仅10个月即告完工。证圣元年(695年)正月明堂起火被焚毁,第二年三

18
19
20

18. 北齐高欢庙复原示意图
19. 萧景墓天禄
20. 陈宣帝陵墓室图

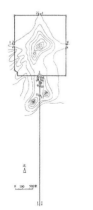

月就重建完成。如此迅速的修建与复建,充分显示了明堂作为礼制建筑核心的地位与受重视的程度。武周明堂是隋唐时期唯一建成的明堂,也是当时规模最大的木结构建筑物。武则天死后,作为武周政权象征的明堂于开元二十五年(737年)被拆除第三层,并被改建为一座两层建筑,仍用原名乾元殿。在明堂北侧,武氏还曾修建过一座用来容纳巨大造像的建筑,称为天堂。这座建筑在695年与明堂一起毁于火灾,以后再未重建。(图21)(图22)(图23)

三、隋唐皇陵

隋唐初期的陵墓仍沿用旧制,采用平地深葬上起陵台的做法。以唐太宗为起始,开创了依山为陵的新做法,并一直沿袭至唐末。唐代帝陵分为陵墓与寝宫两大部分。陵墓地下是南北向的墓道与墓室,地上为封土或山峰。陵墓外有两重墙垣,内墙环绕于封土四周或置于山峰之外,一般为方形,四边开四门。南侧门内设有祭殿,殿后就是封土或山峰。神道以南门为起始,一般长数里,在尽端设有高大的土阙,用来标识陵区的起始位置。在陵区西南方通常设有用于日常祭祀的寝宫。

唐陵中选址布局最为成功的当属高宗与武后的合葬墓——乾陵。乾陵以梁山主峰为陵体,在山腰处开凿墓道与墓室。乾陵的内城墙四角设阙楼,四向正中开门,南门内祭殿的遗址尚存。内外城墙之间密集布置了大批石像生与石柱、石碑等。(图24)乾陵是唐代陵墓利用地形最为成功的实例,通过自然山体的宏大与永恒感,成功彰显了帝王的旷世功业与永垂不朽。自陵区外围至山间祭殿之前,地形逐步抬升。自南遥望,陵区正门两侧的山丘上高阙耸立,簇拥着梁山主峰,宛若处于霄汉之中,极大地强化了陵园大气磅礴的恢宏气势,给谒陵者一种帝王威严永存的感觉。(图25)

四、隋唐贵族墓

隋唐贵族墓的形制大体与帝陵类似,依墓主身份高低,规格有所不同。高等级的如魏征墓与新城公主墓,均是依山为陵,前部也设有双阙。一般的贵族墓则多采用平地下葬,上置覆斗状封土(图26),墓室一般为攒尖顶砖墓室,南向接甬道与斜坡墓道。普通官员多为单室墓,王与公主级别的墓葬多为双室墓。墓道一般分为下段的隧道和上段露天开挖的羡道。隧道上方设有竖井若干。墓室内多绘有壁画,用于体现等级、模拟主人生前环境。(图27)自外而内,一般在羡道内绘制仪仗出行内容。隧道入口处则绘制等级不同的楼阁与门阙,用来标识阴宅入口,

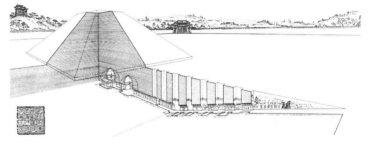

21. 傅熹年制武周明堂复原示意图
22. 洛阳武周明堂柱坑
23. 复建的武周天堂
24. 乾陵平面图
25. 乾陵
26. 懿德太子墓剖视图

同时也用来彰显墓主的身份。如懿德太子墓绘制了三出阙，为帝陵规制，淮安王墓绘有双出阙，符合王的身份，永泰公主墓则仅为单阙。隧道被天井分割为若干过洞，每个过洞内都绘制有梁柱和天花，表示此处为室内空间。而每个天井上则仅绘制有梁柱，显示此处是露天庭院。墓室内依据前堂后寝的格局布置，四壁绘建筑结构，但顶部继承了汉魏以来的墓葬传统，不绘天花而绘日月星辰，当与灵魂升仙的观念有关。

墓内的葬具通常为石椁配合木制内棺。石椁大都模仿木结构建筑，外部常以线刻手法描绘侍从人物，同样是在模拟主人生前的起居空间。此类石椁存世较多，如章怀太子墓石椁、懿德太子墓石椁、永泰公主墓石椁等。此外近年于山西太原南郊发现的虞弘墓石椁，则带有浓郁的中亚拜火教特色，是当时中外文化交流的典型实证。（图28）

五、五代十国墓葬

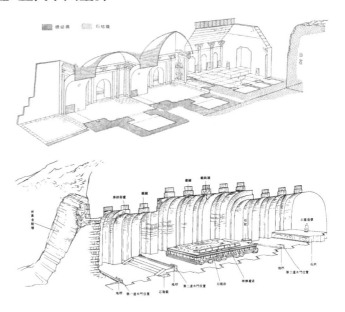

五代十国时期社会动荡不安，王朝更迭频繁，各类陵墓普遍较为简陋。南唐二陵是江南地区保存较好的帝陵。南唐自诩为李唐后裔，所以陵制刻意模仿唐陵。二陵均以山为陵，但与唐代凿山为穴的做法不同，南唐二陵先在地面开挖沟槽，然后砌筑墓室，继承了六朝陵墓的做法。以李昪的钦陵为例，地下墓室分为前、中、后三室，前室、中室均为砖砌穹顶结构，内部以砖砌出梁柱结构，后室为石砌，同样倚墙面做出仿木结构。钦陵整体构造与唐代规制类似，但唐陵多以绘画表现建筑，而钦陵则以砖石结构做出实物，此种做法为后世所继承，在宋金墓葬中得到广泛使用。（图29）（图30）

前蜀王建的永陵是西南地区帝王陵的代表。墓室同为前、中、后三室，但均为石砌。墓室做法与中原地区差异颇大，首先在侧壁用石条砌出突出的石肋，石肋向上延伸为半圆形拱券，在肋与拱券间再砌筑石块，由此形成墓室。中室内置棺床，为矩形须弥座结构，雕饰精美，壸门内的伎乐人物雕饰精细生动，艺术水准颇高。（图31）（图32）

27
28
29　30
31　32

27. 懿德太子墓墓道东壁阙楼壁画
28. 虞弘墓石椁上的宴饮场面
29. 南唐钦陵前室
30. 南唐李昪钦陵透视图
31. 王建永陵棺床伎乐石雕
32. 王建永陵透视图

案例解析 武周明堂

武则天所创立的明堂无论体量抑或意蕴，都是旷古未有之制。据《唐会要》记载，明堂高86米，方100米，分为三层，下层象征四时，按方位施以黑、红、青、白四色，为方形。中层象征12时辰，为圆形。上部象征二十四节气，同为圆形。三层之间暗含天圆地方之意。建筑外围有水渠环绕，形成环水如壁的辟雍之象，体现了明堂作为最高等级祭祀场所天人合一的特征。这种象征手法也被后世所继承，成为礼制建筑中必不可少的构成元素。

明堂的构造采用当时高层建筑通用的中心柱结构，以极粗壮的大木作为中柱，贯穿整个建筑，中柱周围施以各类梁柱构件，并用铁索使其相互联系，形成了比较稳固的结构体系。目前通过发掘，明堂遗址已被发现，中柱的柱坑基址直径达9.8米，深4米，武周明堂的雄伟壮丽，由此可见一斑。（图33）（图34）

33 | 34

33. 王贵祥制武周明堂复原示意图
34. 杨鸿勋制武周明堂复原示意图

第三节 宗教建筑

佛教自东汉时期传入内地后，由于其观念与流行的儒学和谶纬之说差异颇大，社会影响十分有限。但随着汉末三国时期社会动荡的加剧，士大夫与庶民普遍感受到了强烈的焦虑不安与空虚无助，同时胡汉僧人也积极向中国传统文化靠拢，采用多种方式逐步获得各阶层人士的认同，由此崇尚自我修为、出世寂灭的佛教具备了广泛传播的基础，开始进入高速发展时期。中国宗教建筑的营建也随之进入了鼎盛阶段，无论质量抑或数量都是冠绝古今。

一、早期佛寺与佛塔

十六国至南北朝时期，各政权为笼络人心、标榜正统，多极力推崇佛教，如北魏末年境内佛寺达三万余所，南梁末期，境内佛寺也达近三千座。但随着势力的不断膨胀，佛教对皇权的威胁也日益严重，这使得统治者不得不采取激烈手段予以打击。北魏太武帝与北周武帝先后掀起过全国性的灭佛运动，由此也导致了大批佛教建筑被毁。

嵩岳寺塔是现今唯一幸存的南北朝时期多层佛塔，创建于北魏时期，塔身为砖砌，共15层，平面为正十二边形。外观采用了当时北方罕见的密檐塔样式（密檐塔指的是与楼阁式塔相比，塔檐层数较多、各层间距较近的佛塔样式，一般为砖石结构），内部为空心砖筒结构，整体造型奇特，是我国佛塔中的孤例。(图35)(图36)

早期佛寺的布局多依据印度模式，以塔为中心，后期随着佛教的传播，出现了专供经师讲经布道的讲堂(亦称法堂)和供奉造像的佛殿。由此佛寺布局逐步形成了堂(殿)与塔并重的格局。此时的佛寺虽不再单立佛塔，但仍以塔为核心，其他建筑均处于从属地位。如北魏洛阳永宁寺，矩形院落内佛塔居中，北侧为佛殿，形制与宫室建筑类似。永宁寺塔是南北朝时期最宏大的佛教建筑，塔为方形，塔身采用土木混合的楼阁式结构，共九层，总高一百三十余米，自洛阳城外百里即可遥见其形。(图37)

道教在本时期也得到了很大发展。为争夺社会资源，道教曾与佛教进行了激烈的斗争，首开灭佛先例的北魏太武帝就曾是一位道教信徒。目前关于本时期道教建筑的资料极少，大致可认为其依旧延续了早期的模式，与同时期宫室建筑基本类同。

二、早期石窟寺

石窟寺源于印度，一般分为供奉佛塔的礼拜窟与供僧人起居修行的僧院窟。我国境内最早的石窟寺出现在丝绸之路沿线，如克孜尔、敦煌、麦积山等地。至传入中原地区后，由于迎合了统治阶层造像祈福的需求，遂兴盛一时，造就了云冈、龙门、天龙山等一系列宏大建筑群。相对于北方开窟造像风气的盛行，南方僧众多重视个人清修，较少聚众参

35. 嵩岳寺塔
36. 北魏曹天度造像塔（塔刹与塔身分处大陆与台湾）
37. 永宁寺塔复原示意图

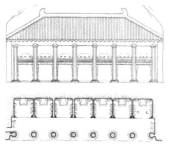

佛，所以南朝虽然佛寺营造兴盛，但石窟却很少见。

莫高窟开凿于北凉或北魏时期，此时的洞窟大都沿用源于礼拜窟的中心柱模式，到北朝晚期，窟洞内开始采用仿木结构的坡顶或覆斗顶形式。（图38）麦积山石窟大都开凿于十六国时期，此时的窟洞抛弃了早期低矮深邃的模式，转而营建大体量的仿木结构佛殿窟。如开凿于北周时期的第4窟，表现了一座七开间的庑殿顶建筑，内部雕刻帷帐式佛龛，龛内安置了七佛、胁侍弟子及菩萨，生动再现了大型木结构佛殿的内外形象。（图39）

云冈石窟是南北朝时期最重要的石窟寺建筑群，主要完成于北魏时期，可分为大像窟、佛殿窟、塔庙窟三大类。大像窟以高大造像为核心，形似佛龛，以政治色彩浓郁的昙曜五窟最为典型。这五窟由僧人昙曜主持开凿，每窟内均有一座高大造像，据推测造像象征着北魏五代帝王，由此也反映了北魏时期佛教与统治阶级之间相互渗透、互利共存的局面。佛殿窟以第7~10窟、第12窟最为典型。如并列排布的第9、10两窟，均为前后双室格局，前部为仿木柱廊，外部的仿木檐口和屋盖等已风化无存，但从内部的雕刻仍能看出其形制大体与麦积山的做法类似。塔庙窟在云冈共有五座，均在窟内设置仿木结构的塔心柱或四面设佛龛的方柱。仿木结构的塔心柱是此类窟洞中最重要的部分，作为佛教徒绕行礼拜的对象而设。第39窟内的五层佛塔生动、真实地反映了北魏时期木结构佛塔的形象。（图40）（图41）

三、隋唐五代佛寺

隋唐时期是中国木结构建筑的成熟期。随着佛教的迅速发展，佛寺营建无论是空间布局还是单体形态在此时均已形成了一套完整的规制。但由于年代久远以及灭佛活动，目前可见的唐、五代佛教建筑已是屈指可数。

隋唐之际的佛寺布局，早期仍以塔为中心。至唐高宗时期，以玄奘法师倡修的慈恩寺塔为代表，佛塔被移出寺庙正院，在西侧单立塔院供奉。这种正院内不设佛塔、于一侧单立塔院的格局遂成为后世佛塔选址的标准模式。到晚唐时期，大量佛寺内已不立佛塔，而是以供奉高大造像的多层楼阁、佛殿为主，如唐大中十一年（857年）创建的五台山佛光寺，就是在院落中轴线上安置一座三层七间大阁，后部再设佛殿一座。（图42）自东汉至唐末，佛塔选址的变化体现了佛教本土化的历程。作为外来崇拜物的佛塔，虽然外观已完全汉化，但最终还是被传统的合院式殿阁及其容纳的偶像所替代，到五代之后，佛塔逐渐成为一种景观与风水建筑。

目前我国现存最早的木结构佛寺是五台山的南禅寺大殿，在唐建中三年（782年）建成。（图43）其规模不大，仅为三开间，现存木结构主体形成于晚唐时期，但部分构件还保留着一些早期的做法特征，故而有学者推测其始建年代为北朝末期或隋代。佛殿内设一曲尺形佛坛，上置唐塑造像一铺，此种做法亦多见于敦煌晚唐窟洞。（见章前页图3）除南禅、佛光二寺外，山西平顺天台庵大殿也是晚唐时期的建筑。这三座庙宇中，两座均为地方小寺，佛光寺虽然规模较大，但唐代建筑仅存东大殿一座，无论是形制抑或是规模，都难以反映鼎盛时期的佛教建筑盛

38
39
40
41

38. 敦煌第254窟
39. 麦积山第4窟复原图
40. 云岗第9窟外观
41. 云冈第39窟塔心柱

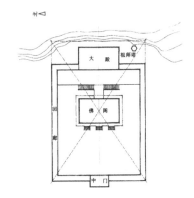

42 43
44
45
46

42. 佛光寺复原平面图
43. 南禅寺外观
44. 镇国寺万佛殿
45. 大理崇圣寺塔
46. 西安大雁塔

况，实为憾事。

五代时期的佛寺可以北汉的山西平遥镇国寺万佛殿和吴越的福州华林寺大殿为代表。两者均为三开间，但斗拱用材颇大，与七开间的佛光寺类同，显示其与佛光寺原本属同一等级。这种保持用材等级、刻意缩小规模的做法，可能与唐代以来禅宗寺院的布局规则有关。《禅门规式》要求"不立佛殿，唯树法堂"，但现实中为满足信众朝拜之需，尚不能排除佛殿，由此禅宗寺院多在保持建筑等级的同时，缩小佛殿的尺度，以体现其不重偶像、见性成佛的教义主旨。（图44）

唐帝室与道教创始人老子同为李姓，于是便尊老子为远祖，借以神化自身，抬高地位。历朝帝后以及大贵族在各地广建道观，甚至还亲自出家为道。据史载，开元末年，天下道观达1687座。在长安、洛阳两地还专门建有老子庙，规模宏大，规制与太庙等同。但道教建筑的具体形制史载不详，现存实物资料也非常匮乏。山西芮城广仁王庙正殿是现存的唯一一座唐代木结构道教建筑。建筑为五开间歇山顶形式，约建于晚唐时期，内部塑像、壁画全被损毁，已反映不出道教建筑的特点。

四、隋唐五代佛塔

隋唐五代时期的佛塔仍然是砖木并用，但现今仅有少数砖塔得以幸存。佛塔造型则密檐与楼阁兼用，平面布局早期多用四方形，在中唐之后为了改善结构受力等，较多地采用了八边形布局。

西安荐福寺塔、大理崇圣寺塔以及登封法王寺塔是唐代密檐式砖塔的典型代表，造型均为方塔，层数在11~16层不等，塔身纤细，装饰简朴，外形轮廓柔和而富有张力。（图45）

唐代楼阁式砖塔多模仿木结构塔，外表饰有柱、枋、斗拱等构件，高度一般不超过七层，西安慈恩寺大雁塔、香积寺塔是典型实例。大雁塔始建于唐高宗时期，由玄奘大师亲自设计并参与建造。现今的大雁塔经明代重修，唐代旧塔被包裹在内，但外观仍大体保持了唐代旧貌。（图46）

除密檐式佛塔与楼阁式佛塔外，单层佛塔、墓塔、经幢等实物亦多有遗存。单层佛塔如山东历城神通寺四门塔，始建于隋代，方形平面四坡顶，塔内设中心柱，显然受到了北朝石窟寺布局的影响。安阳修定寺塔也是一座单层塔，创建于北齐时期，外部密布印纹花砖，华丽异常。平面亦为方形，但内部中空，原本放置有佛像，供信徒朝拜。（图47）

墓塔是高僧大德的埋骨之处。多层墓塔常见于初、盛唐时期，如西安兴教寺玄奘法师墓塔是一座五层仿木楼阁式塔。佛光寺祖师塔是一座双层仿木结构砖塔，六边形的塔体造型奇特，约建于隋末唐初。由于装饰特征颇具北朝遗风，因此也有学者认为其是北魏时期的作品。单层墓塔以河南登封会善寺净藏禅师塔和山西运城泛舟禅师塔最为典型。净藏禅师塔是现存年代最久远的八角形佛塔实例，泛舟禅师塔则为圆形平面，二者均是砖仿木结构，外部装饰刻画细腻、精巧。（图48）

五、隋唐五代石窟寺

隋唐时期是继南北朝之后我国石窟寺开凿的第二个高峰期，成就了以敦煌莫高窟隋唐窟群、龙门石窟、川渝各地石窟为代表的一大批优秀作品。此时石窟寺的营建与北朝时期相比，无论是形制还是内容均发生了很大变化。北朝流行的中心柱式塔庙窟逐步消失，佛殿窟成为主流。大型的摩崖造像，特别是弥勒造像开始流行，由此也促成了大型佛阁的出现。

隋唐时期的中心柱式塔庙窟多开凿于中唐之前，形态在继承北朝石窟的基础上发生了明显变化。如莫高窟第427窟与第332窟，两窟内虽仍建有中心柱，但内部空间已分为前后两室，后室顶部是人字形屋顶，中心柱位置明显后移，显示出中心柱已不再是环绕瞻礼的崇拜对象。此外，此时中心柱与两侧的窟壁形成了三面佛像环绕的格局，整体已与佛殿窟趋同。（图49）

隋唐佛殿窟以莫高窟的覆斗型屋顶佛殿窟最为典型。初、盛唐时期的佛殿窟，多采用矩形平面，在正壁上塑造整铺塑像，窟壁两侧绘制各类经变图像，整体格局与文献记载中长安佛寺的布局类似，显示了石窟寺对木结构佛寺建筑的模仿。（图50）

自东晋末年起，弥勒佛崇拜日渐兴盛，至隋唐时期，和佛寺内广建弥勒大阁相对应，开凿弥勒大像的活动也达到了顶峰。如莫高窟第96窟、第130窟，像高均在三十米左右，最大者是四川乐山凌云寺大佛，高达58.7米。（图51）

案例解析 佛光寺东大殿

　　佛光寺位于山西省五台县豆村，院落为东西走向，寺内的主殿——东大殿是现存最大的唐代木结构建筑。据史籍记载，佛光寺在隋末唐初已是一方名刹，鼎盛时寺内曾建有三层七间的弥勒大阁，高达31米。会昌灭佛，寺院被夷为平地。大中年间，由长安城内以宁公遇为首的权贵捐资复建，现存的东大殿就是此时建成的。东大殿为单檐庑殿顶，面阔七间，进深四间，是我国现存唐代建筑中唯一一座能充分反映唐代官式建筑风格与形制的珍贵遗存。东大殿内部现存唐代塑像二十余尊，虽经重妆，但仍大体保持了原貌。佛光寺的系统性研究始于日本学者小野玄妙、常盘大定等人，但均未能确认其为唐代建筑。1937年6月，中国营造学社成员梁思成等人前往豆村考察，据殿内梁栿墨书题记及寺内经幢题刻，最终确认了东大殿的创建年代。（图52）（图53）

52 | 53

52. 佛光寺东大殿
53. 1937年考察佛光寺时林徽因与宁公遇塑像合影

第四节 住宅与园林

三国至隋唐之际的住宅大体仍延续了汉代以来的回廊式庭院格局，以前堂后寝为基本模式，根据时代与主人身份的不同，规模及样式会有很大差异。园林建筑在此时期继续保持了皇家苑囿与私家宅园两条发展路线，皇室苑囿仍多着力于模仿自然与仙境，而私家宅园则在流行的玄学哲理、崇尚自然的社会风尚的影响下，开始转为再现自然风景，借以静观自得，陶冶心性，排遣寄兴。

一、宅邸与别业

三国至南北朝时期战乱频仍，城市内的大型宅邸普遍具有强烈的防卫特征，外部常筑有类似城堡的坞壁体系，内部多蓄甲兵。(图54)从建筑构造上看，此时的宫室和府邸喜爱用柏木营建，取其芬芳不朽。墙壁外部多用土墙，室内多用木板壁。另据考古发掘，此时期北方地区已出现了用于冬季取暖的地炕。

别业指的是正宅之外，以山水自然为特色的庄园。这类建筑在汉末萌发，至南北朝盛极一时。西晋富豪石崇所建的金谷园、刘宋时期谢灵运所建的始宁别业最为典型。这类庄园大多依山傍水，面积广大，内置亭台楼阁、果园药圃、鱼池田庄，是兼有生产生活、游赏居住功能的自给自足的大庄园。

宅邸建筑在隋唐之际获得了较大发展，城市内的宅邸，以里坊制为基础，依据官阶高低，差异很大。王公贵族及三品以上高官可在临街的坊墙上单独开门，实质上已突破了里坊制的约束。这类宅邸普遍面积广大，豪奢异常。如隋文帝杨坚曾把大兴城内整个归义坊的土地赐予蜀王杨秀用于建宅，总面积达54.5万平方米，是明清紫禁城面积的77%，实为城中之城。在大型住宅之外，当时的城市中还分布有大量中小型住宅，此类住宅一般仍为合院形式，多是二至三进院落，构成较为简单。(图55)

唐代的庄园别业依旧兴盛，诸如安乐公主的定昆庄、王维的辋川

54. 敦煌第257窟壁画表现的坞壁式住宅

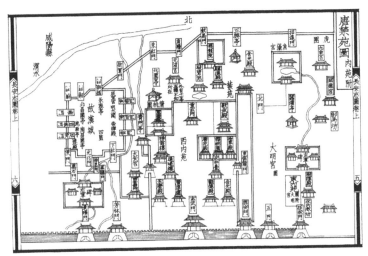

别业、裴度的午桥庄等均是规模宏大的庄园。但相对南北朝时期而言，此时的别业庄园已日渐与园林融合，其设施与营建思想逐步与私家园林趋同。

二、皇家苑囿

魏晋时期社会动荡，民生凋敝，皇家苑囿的规模也大为缩小。洛阳城内的华林园是此时期最重要的内苑，苑内仍秉持了汉代风尚，重视游观、求仙和园圃等功能。随后南北朝各政权的宫苑营建也以魏晋为摹本，所以内苑也多称为华林园。就其造苑思想而言，南朝苑囿在继承汉代以来传统的同时，开始向追求自然、注重静观自得、寄情山水转变。北朝苑囿相对南朝要更重人工，同时受游牧民族习气影响，苑内多设宴饮乐舞之所，具有更强的娱乐性。（图56）

隋唐之际，国力强盛，皇家苑囿的修建达到了空前的规模。隋大兴苑（唐长安禁苑）和东都西苑的面积均超越了各自所在城市的面积。同时各类宫室中均附有内苑，宫中尚有小型园林，由此形成了大、中、小三个等级的苑囿体系。

唐长安禁苑位于长安城以北，南邻长安城北墙。此禁苑以墙垣环绕，内部建筑疏朗，大部分面积均是自然景观与园圃。其不但可供游赏而且兼有庄园和猎场的功能。此外，苑内还驻扎着大批负责拱卫皇城的禁军。（图57）东都洛阳西苑设于城址西侧，面积与设置大体与长安禁苑类同。隋唐时期的宫廷内苑主要有太极宫内苑与大明宫内苑。太极宫内苑位于宫城之北，南向正门玄武门可直通内廷。大明宫内苑位于宫城东侧，目前已发现部分山池遗迹。宫内园林仍以太极与大明二宫最为典型，两者均置于宫城北侧。太极宫园林内设有模拟东海、北海、南海的湖泊，岸边安置有各类建筑。大明宫园林内设有太液池，池内有蓬莱山，依旧延续了汉代以来模拟海上仙山的传统。池侧尚存众多宫室，以麟德殿最为华美壮丽。（图58）

55. 敦煌第23窟壁画表现的合院住宅
56. 敦煌第172窟壁画中自然山水间的殿宇
57. 唐禁苑图
58. 敦煌第321窟中的水阁与长廊建筑

59

60
    61

59. 北魏孝子棺图中表现的园林建筑与
山石树木
60. 北周史君墓石椁上的宴饮场面
61. 日本奈良平城京左京三条二坊宫迹
庭园

三、私家园林

　　私家园林作为文人士大夫园林的先声,在本时期发展迅速。此时的私家园林除前述的别业庄园外,多以宅园为主。在清谈玄学盛行的背景下,各类宅园开始从两汉热衷模拟山岳、仙境转为借物寄情,梁简文帝"登山想剑阁,逗浦忆辰阳"的诗句,显示了借助园林景观抒发胸臆引发联想的过程。此时的私家园林日益与诗情、哲理相结合,并与士大夫文人的日常生活、精神享受相结合,转变成为一种具有高度文化内涵的特殊人工环境。

　　在价值取向上,此时的私园往往重景致而轻声色,尤其是在文化气氛相对浓郁的南朝地区,如昭明太子萧统曾诵左思名句"何必丝与竹,山水有清音",以此谢绝臣下在园内奏乐歌舞的建议。在造园手法上,也有了长足进展,已可以通过叠山、凿池、移竹、植木等手法营造类似真实的自然景观。同时各类建筑穿插其间,也成为园景的重要组成部分。(图59)

　　隋唐时期,私家园林营造繁盛,无论是数量还是意蕴均较前期有了明显提高。在中唐之前,由于国力强盛,风气开放,士大夫多志存高远,喜好在园内宴饮歌舞,所以园林多宏大富丽。(图60)中唐之后,社会日趋动荡,政治纷争不断,士大夫多倦于进取,转而退隐林泉,独善其身。此时期的私园由热闹逐步转向清寂,规模也日渐缩小。晚唐的著名诗人白居易、元稹,均有大量咏诵宅园清幽闲适的佳作。白居易在洛阳履道里的宅园是此时期士大夫园林的典型。此园小而简朴,限于财力,园内馆舍与造景稀少,仅以少量建筑配合自然植被构成景观。但白居易以此园为背景,写出了诸多意趣高远的佳作。《池上作》有"泛然独游邈然坐,坐念行心思古今"的吟唱,十分清楚地表现了此时文人士大夫园林在造园意境与欣赏方法上的进步。(图61)

案例解析 特殊的唐代官署园林

　　唐代园林在皇家苑囿与私园之外，还有一类颇具特色的官署园林。此时的官署内部多设有小型园林供官员游赏，如白居易在诗作中多次提到长安城内中书省、门下省及翰林院中的园林景观。在其外放时期的作品中，也可看到关于苏州、江州、忠州等地官衙内园林的描述。除此类附属于衙署的园林外，还有一类由官府出资购地营建的园林。据《长安志》载，长安修政坊内有尚书省亭子与宗正寺亭子，永达坊有华阳池度支亭子，这些都是各政府机构自设的宴会场所。此类园林除官府自用外，还带有一定的公园性质，可以对外出租，如前所述的几个园林都曾有新科进士租借场地，在其内欢宴庆祝的记载。（图 62）

62

62. 韦曲南里王村唐墓宴饮图

第五节 建筑艺术与技术

本时期是中国木结构建筑走向成熟的阶段。随着统一强盛的唐帝国的建立，建筑发展继汉代以后迎来了第二个高峰，形成了影响远及东亚各国的"唐风"建筑，在艺术与技术上成就斐然。

一、建筑艺术与装饰

中唐之前的建筑外观与装饰均较为素雅。中唐之后，伴随着社会上奢靡风气的蔓延，建筑装饰的华丽程度也与日俱增。

在建筑造型的处理上，从佛光寺东大殿可以看到日趋成熟的结构技术的影响，特别是柱网侧脚、生起与卷杀的应用，使单体建筑的外观呈现出柔和的曲线感，无论是脊部、檐部抑或是柱网本身，都充满了弹性与力度，显得十分优美端庄。这种将结构中的实际需求与艺术处理有机结合的做法，是中国古代木结构建筑的一大成就。在群体处理上，通过参考敦煌壁画等材料可知，唐代建筑群仍以围廊式合院布局为主，往往规模宏大，层次众多。（图63）

在细部装饰上，早期屋面装饰较少，多用灰陶瓦覆盖。至中唐时期，开始出现琉璃瓦屋面，一般为绿色，间或有黄色与蓝色，集三色于一身的三彩瓦亦有出土，由此可知当时屋顶装饰之华丽。木结构表面的装饰以彩绘为主，兼有包裹织物的做法。（图64）此外还有在木结构外包镶檀木、沉香等具有特殊香味木皮的高等级做法。室内外地面多用素面或印花方砖铺砌，高等级殿宇如麟德殿内，还有采用磨光石材铺砌的做法。（图65）墙面装饰较为简单，多用白色涂刷。

具体的装饰纹样，北朝时期多用从西域引入的忍冬、莲花纹，到隋唐时期，逐步融入了本土特色，常见的有联珠纹、团花纹、龟背纹及各类锦文。目前所见最具代表性的当属莫高窟初、盛唐时期的洞窟，内部纹样绘制可谓精致入微，丝毫不苟，设色亦是典雅大方。至中晚唐之后，纹样逐步趋于简化，颜色也趋于艳俗。（见章前页图4）

63. 敦煌第217窟壁画表现的佛寺院落
64. 敦煌第158窟壁画表现的三彩瓦顶与彩画
65. 唐代莲花纹地砖

二、建筑技术与对外影响

南北朝时期的建筑技术可分为北方流行的土木混合结构与南方流行的全木结构两大类。进入隋唐时期，较为先进的全木结构体系日益受到重视，并最终成为中国木结构建筑的主流。

就具体结构的技术而言，虽然目前国内晚唐之前的木结构建筑已荡然无存，但参考日本飞鸟时代的木结构建筑，如法隆寺经堂、五重塔等，仍可以推断，至迟在南北朝晚期，中国木结构设计中的模数化材份制度已趋于成熟，斗拱与梁枋也形成了较为妥善的铺作层结合模式。初唐时期，此类技术得到进一步完善，如日本奈良时代的唐招提寺（Toshodai Temple）金堂，其结构技术较法隆寺就有明显进步，无论是受力的合理性还是结构的可靠性，均有很大提高。至中唐以后，以佛光寺东大殿为代表，我国传统的全木结构建筑体系正式走向成熟。（图66）

南北朝至隋唐，是中国建筑技术对外影响最为广泛的时期。在东亚地区，朝鲜半岛各国的建筑样式与布局明显受到了中国的影响。日本早期主要以朝鲜半岛为媒介，间接学习中国南朝的建筑技术，目前留存的飞鸟时代建筑即属此类。著名的国宝"玉虫厨子"也是通过这种途径流入日本的。（图67）至派出遣隋、遣唐使后，大量中国建筑技术直接流入日本本土，由此产生了以药师寺东塔（图68）、唐招提寺金堂等为代表的一大批奈良时代建筑。同时，日本国内的城市建设也明显受到唐长安的影响，最终诞生了效仿长安的平成京与平安京两座城市。

66 | 67 | 68

66. 佛光寺东大殿局部
67. 玉虫厨子
68. 药师寺东塔

案例解析 唐代建筑中的侧脚、生起与卷杀

侧脚，是将木结构建筑中垂直放置的柱脚部向外撇出，使整体木构架呈现正梯形的做法。通过这种处理，两侧柱身均向中心倾斜聚集，互相抵紧，可以防止柱身侧倾和扭转，有效地提高了结构的稳定性。同时在视觉上，也使建筑显得愈发挺拔稳固。（图69）

生起，是将建筑外檐的柱身高度自中心至角部逐次加高的做法。此做法可与侧脚配合，进一步加强结构的稳固性。同时还可以形成一条柔美秀丽的檐部曲线，大大增强了建筑的观赏效果。

南北朝时期的柱身曾有将上下两端均进行砍削，形成两端小、中部大的梭柱的做法。典型者如河北定兴县义慈惠石柱（图70）和日本四天王寺山门。至唐代改为仅在柱头作砍削，外观曲线顺滑，称为卷杀。侧脚、生起、卷杀都是结构处理手法中技术与艺术完美结合的典范，在改善受力、完善结构的同时，也造就了独特的建筑外观。

69
—
70

69. 佛光寺东大殿正立面图
70. 义慈惠石柱

第三章
宋、辽、金、西夏时期的建筑

本时期是多民族政权对峙的小分裂格局。位居中原地区的北宋政权在高度发达的商品经济与巨大人口数量的综合作用下，建筑发展取得了一系列重要的突破。南宋虽偏安一隅，但在整体上继承了北宋的相关规制，并有所发展。两宋时期以东京、临安为代表，大批城市的内部格局发生了革命性的变化，绵延千余年的里坊制被抛弃，繁荣的商业街市遍布了城市的各个角落。各种新建筑类型不断涌现，服务于市民阶层的设施得到了长足发展。以《营造法式》为代表，北宋时期建立起了一套世界领先的建筑工程管理体系。随着商业文化的发展，建筑整体风格也逐步趋向华丽柔美，并催生出了大批精致细腻的装饰技法与作品。此外，两宋时期盛行的享乐主义与逃避现实的社会心态大大促进了园林建筑的发展，无论是以艮岳为代表的皇家园林，还是遍布大江南北的私家园林，在造园意蕴与手法上较前期均有了长足进步。写意化、小型化、精致化，与生活密切结合是本时期园林最突出的特点。

契丹族建立的辽王朝、女真族建立的金王朝、党项族建立的西夏王朝是与两宋对峙的少数民族政权。三者在整体上均采取了学习汉族先进文化、重视儒学、推崇宗教的政策。在建筑营造上，辽代较多地继承了唐末至五代的技术特征，建筑风格较为刚劲简约。而金与西夏则更多地受到了两宋的影响，呈现出精致细密的特征。

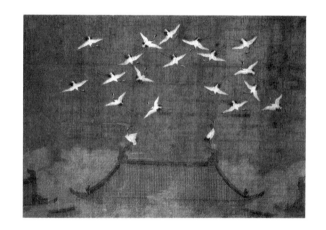

2	1
4	3

1. 瑞鹤图
2. 稷山马村一号金墓
3. 正定隆兴寺鸟瞰图
4. 崇福寺弥陀殿假昂与斜拱

第一节 城市与宫室

自唐末至宋初,出现了一次革命性的城市发展浪潮,诞生了以北宋东京城为代表的一批新型坊巷制城市,彻底改变了中国城市的基本面貌。

一、北宋东京

北宋东京城兴修于唐末,时称汴州,至五代时期,改称开封府,号为东都。后周世宗柴荣在显德二年(955年)下诏扩建城市,改造了部分旧城区,成功拓宽、规范了城市街道宽度。同时以新建、改建街道为契机,临街规划了大批商业设施与店铺,由此也开启了城市发展由唐代封闭的里坊制向开放的坊巷制的过渡。

北宋定都东京后,首先扩建了皇城,随后在五代旧城的外围增筑了外城,至北宋末年,最终形成了以居中的宫城为核心,外围环绕皇城、内城、外城的四重城垣体系。东京城内建筑的密度很高,人口也在百万以上,此时期的城市街道已不再被高耸的坊墙所封闭,宵禁制度也趋于瓦解。临街各类商业设施遍布全城,昼夜不歇。此外还出现了专供市民欣赏各类戏剧、歌舞的娱乐场所——瓦子。城内道路以宫城南向的御道为核心,形成了八条主要商业街道。汴河、金水河、蔡河、五丈河等河流穿城而过,河岸两侧的运输业与商业都十分发达,张择端《清明上河图》描绘的就是城东汴河两岸的繁荣景象。(图1)

宋东京的宫室建筑模仿隋唐洛阳,仍秉持了前朝后寝的基本格局。但由于逐次增建,主要建筑未能形成一条完整的中轴线。外朝以宣德门为宫城正门,徽宗赵佶的《瑞鹤图》描绘的就是宣德门上仙鹤盘旋的祥瑞景象。(见章前页图1)正门内以大庆殿为外朝正殿,内廷以垂拱殿为

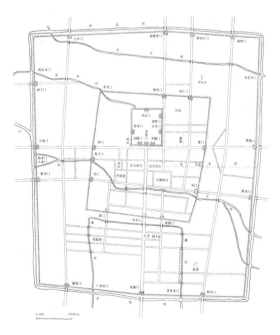

1

1. 北宋东京城平面图

核心。福宁、坤宁两殿为帝后的寝殿。宫城最北侧是内苑。内廷宫室多采用工字殿样式,由此也影响了金元时期同类殿宇的规制。

二、南宋临安

临安与之前的各类国都在规划与建制上差异都很大。城市选址于西湖和钱塘江之间的三角形地带,最终发展成了南北向长条状的格局。城内宫城一反常规,安置于城市南部。宫城北向设置御路,向北贯穿整个城市。规划布局上,宫城北向与御路两侧设有大量的商业设施及手工作坊,各类居住区也分布其间。一般而言,贵胄居所多靠近南部宫城,中低级官员与庶民则多居于北城及郊外。(图2)(图3)

临安周边交通便利,对外贸易非常发达,这使得其与周边十余个市镇形成了一个以经济活动为纽带、以水陆运输为载体的城市群。这也标志着中国封建城市的发展进入了一个全新的阶段。此时经济因素逐渐成为城市发展的主要动因,而统治需求已逐步降至从属地位。

临安宫室地处西湖畔的凤凰山余脉之间,分为内朝、外朝、东宫、学士院、后苑五部分,依旧承袭北宋旧制,各部分虽未能形成完整的中轴关系,但仍大体保持了前朝后寝的格局。

三、辽金都城

辽代是契丹族建立的王朝,先后共有五个都城,以上京、中京、南京最具代表性。三座城市各具特色,从中也可以看到契丹族逐步吸纳中原先进文化的过程。

辽上京位于今内蒙古巴林左旗,城市分为以契丹族为主的北向皇城和以汉人为主的南向汉城。城市规划中缺乏明确的中轴意识,道路系统也未出现以皇城为核心的中轴布局。宫室建筑以东向为尊。整体看来,城市营建虽已受到中原文化的影响,但游牧民族的特征尚十分明显。(图4)

辽中京位于今内蒙古昭乌达盟,是辽代极盛时期的陪都。城市布局明显受到了里坊制的影响。全城中轴对称,宫室居北,里坊居南。辽南京是以唐代幽州城为基础扩建而成,城市为近正方形,中部由十字大街划分为四部分。皇城位于城市西南角。城内其他区域仍大致保持了里坊制的格局。整体来看,中、南二京在布局上较上京进步明显,但仍固守旧有的里坊制,在规划思想与经济发展上已明显落后于同时期的北宋都城。

金代是女真族建立的王朝,在城市与宫室营造中均全力模仿北宋东京,华丽奢靡程度有过之而无不及。金上京位于今黑龙江阿城区,外廓受地形限制呈不规则状。城内因地制宜,较少受到里坊制的约束。宫室部分明显受到北宋东京的影响,多用工字殿格局。后期海陵王完颜亮在今北京地区建都,称为中都。中都的城市规制与宋东京类似,采用了宫城、皇城、外城三道城垣体系。城内设有62坊,但坊内街巷都可以直通外部街道,由此可见此时的里坊制已趋于终结,各坊不过是仅存坊名而已。宫城位于城市中部略偏西,在其西侧还有西苑,即现今的北京北

2
3
4

2. 杭州六和塔
3. 南宋临安城平面图
4. 辽上京遗址

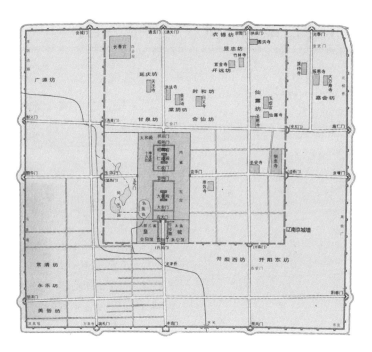

海公园。宫城的正门南侧设有源自宋东京的御街和千步廊,宫内建筑多摹自东京,但参照山西繁峙县岩山寺壁画可知,当时中都宫室亦有不少独具特色之处。(图5)(图6)

四、地方城市

江南地区在两宋时期日渐发达,以苏州、泉州为代表的一批地方城市得到了长足发展,由此也奠定了江南作为继关中之后新经济中心的地位。

苏州在春秋时期为吴国都城,到两宋时期已成为一座极其繁荣的商业城市。南宋绍定二年(1229年)绘制的平江府图,较准确地反映了当时的城市面貌。此时期城市规划最大的特点是以水系为核心,充分利用自然条件来建设城市,在城内形成了非常发达的水运网络。与河道相伴的桥梁共有三百余座,这种陆路与水运立体交叉的交通组织方法,大大便利了物资流通与日常生活,同时也形成了独特的水乡景观。城内建筑的形态同样深受水系影响,一般为多进院落格局,且往往一面临街,一面临河,无论是出行还是运输,都非常便利。

泉州城创建于唐代,两宋时期得益于对外贸易的发展,步入了最繁荣的阶段,以"刺桐港"闻名于海外。随着经济的发展,泉州城自唐代至南宋经过多次扩建,面积增加了数倍,人口最多时达到了百万之众。(图7)

用以安置外国客商的"番坊"是泉州城市发展中的一大特色。史载宋元时期,有58个国家与地区的客商来往于此,高峰时达万人之多。其中部分人致富后就常住泉州,形成了外国人聚居区。豪富之辈,还曾于南城地区建设豪华的花园府邸。与此同时,各类外来宗教也汇聚于城内,目前尚可见到伊斯兰教、婆罗门教、印度教、基督教等诸多外域宗教遗迹,城市东北郊还有大量的外国人墓葬。(图8)

5. 金中都平面图
6. 岩山寺金代壁画中的城市
7. 泉州开元寺石塔
8. 泉州草庵寺明教雕塑

案例解析 北宋东京城的商业与居住

北宋东京城由于商业经济的发展，城市生活形态与早期相比有了很大的变化。在市场方面，除了遍布城内的街市外，还出现了大量的集市。早市与夜市是当时的新鲜事物，依据《东京梦华录》的记载，早市上的商品花样繁多，尤其是食物，夜市中则以日用品居多。夜市中的交易往往带有非法性质，天明即散，所以也称为鬼市。除日常集市外，逢特定日期还有庙市等集市举行，城内大相国寺的庙市最为著名，每月举办八次，于庙内两廊与院落摆设摊位，上至兵器珠宝，下至吃食日用，无所不包。伴随着里坊制的解体，东京城内贵族居所与平民设施往往混为一体。同据《东京梦华录》载，城内郑皇后居所的后面就是著名的宋厨酒楼，太师蔡京宅边就是平民聚集的邻州西瓦子，而明节皇后的宅边则有个张家油饼铺。（图9）

9

9.《清明上河图》内住宅与商铺并列的格局

第二节 坛庙与陵墓

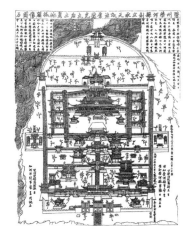

10
11
12

10. 宋汾阴后土祠庙貌碑摹本
11. 太原晋祠献殿
12. 太原晋祠圣母殿

宋代祭祀制度与封建统治密切结合，对上至天地宗庙、下至海渎风雨所进行的广泛祭祀，有力地巩固了皇权，维系了皇上与臣下之间的利益共享关系，由此也催生了大批的礼制建筑。

受风水观念与政治因素的影响，南北宋陵呈现出迥然不同的格局，与前代规制也差异很大。辽、金、西夏陵墓则在吸收汉文化的同时，保持了鲜明的民族特色。

一、宋金礼制建筑

宋代的天地祭祀一般在国都郊外设祭坛进行，至北宋晚期为求节省，改为室内祭祀，由此催生了明堂建筑的复兴。仁宗时期，以大庆殿为明堂，合祭天地。徽宗时期新修了一座明堂，南宋政权也曾建设明堂。

除国都内的祭祀设施外，宋代还在重要山川及先贤故里建有大量的祭祀建筑，如汾阴后土祠、五岳庙、孔庙等，但现今仅有若干碑刻图像遗存。汾阴后土祠，是祭祀后土神的场所，内部共有九进院落，主殿坤柔之殿面阔九间，重檐庑殿，与宋东京宫城内的正殿大庆殿等级相同，由此可见北宋时期对祭祀设施的重视。（图10）

目前保存最完整的宋代祭祀建筑群当属太原晋祠。祠内建筑以北宋时期的圣母殿与金代献殿最为重要。从《水经注》的记载可知，此地早在北魏时期就有祭祀晋国始祖唐叔虞的祠庙，故得名晋祠。入宋后，晋祠曾多次扩建，祠内现存的圣母殿重建于崇宁元年（1102年）。圣母殿面阔七间，进深六间，重檐歇山顶。殿内尚存43尊宋代彩塑，造型优美，是宋塑中的精品。殿前的水池上有一座石木混合结构的十字桥，称鱼沼飞梁，也是宋代遗物。鱼沼飞梁之前，有金代殿宇一座，称献殿。殿身面阔三间，进深三间，单檐歇山顶，建筑造型简洁明快，是金代建筑中的佳品。除前述建筑，池沼周边尚有数个宋代铁狮与铁人留存，大都造

型匀称,刚健有力,用料上乘,铁人距今已有九百余年,依旧光可鉴人。(图11)(图12)

二、两宋皇陵

与早期皇陵分散安置在国都周边不同,北宋在历史上第一次采用了集中设置陵区的做法,由此也对后世帝王陵的规制产生了重要影响。

北宋皇陵位于今河南省巩义市,共七帝八陵。由保存状况较好的宋仁宗永昭陵可知,宋代陵制在整体上仍延续了汉代以来帝后分别建陵的做法,在陵区内分设帝陵与后陵,后陵一般位于帝陵的西侧,二者各有一套相互独立的祭祀建筑体系。祭祀建筑中最主要的是上宫与下宫。上宫位于陵区南侧,是主要的祭祀场所。下宫一般位于陵区北侧,象征帝后寝宫,仅用于日常供奉。帝陵或后陵均以截锥形陵台为中心,外部环以陵墙,陵墙四面正中开门,四角设有阙台。南向为正门,自陵门向南依次排布石像生及门阙等。(图13)(图14)

宋室南渡后,以收复故土为目标,所以在名义上不建陵寝,仅建造暂存性质的攒宫临时使用,以方便后世移灵。南宋陵寝位于今绍兴市东南的上皇山,共有七座陵寝,即南宋诸帝的六陵以及后期归葬于此的北宋徽宗的陵寝。陵区内仍设有上下宫,上宫之内的主殿称为龟头殿,形制颇为特殊。龟头殿为三开间,T字形布局,室内供祭祀使用,殿身地面以下设有石室,用来存放帝王的棺椁。整体来看,南宋皇陵较北宋普遍趋于俭省,最核心的龟头殿不过面阔三间,这一方面是暂存思想所致,另一方面也反映出了南宋初期订立陵寝规制时财力窘迫的状况。(图15)

三、辽金西夏皇陵

辽代皇陵多位于辽上京周边,除20世纪初被日本侵略者盗掘的庆陵外,多数陵寝尚未发掘。庆陵是辽圣宗陵寝,陵区内未设置封土,仅在地宫上部安置口字型殿堂建筑一组。地宫由前、中、后三室及副室构成,延续了唐代陵墓前殿后寝的格局。墓室为砖砌穹窿顶结构,室内原有多处彩画与壁画,现今可见者有四季风光、随侍人物,以及颇为写实的建筑彩画。(图16)

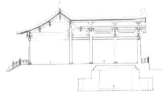

13. 北宋永昭陵平面
14. 巩义永昭陵石像生及复建的门阙
15. 南宋皇陵龟头殿复原图
16. 庆陵墓室纵断面

金代陵寝原位于今东北地区，后由海陵王迁至今北京房山云峰山地区。明末由于对后金作战不利，于是以断其祖脉为理由，将金陵建筑悉数平毁。目前仅存部分石椁及建筑基址。

西夏皇陵位于其都城兴庆府（今银川市）以西约35千米处的贺兰山麓，共九座。西夏皇陵整体规制模仿北宋陵寝，陵区均以陵台为中心，外部环绕矩形陵墙。但与北宋皇陵注重中轴对称不同，西夏皇陵的陵台及前部的献殿并不处于陵区的中轴线上，而是普遍偏西。究其原因，沈括在《梦溪笔谈》中提到：盖西戎之俗，所居正寝，常留中一间以奉鬼神，不敢居之。陵台的规制也与常见的覆斗形封土不同，是一个以夯土高台为中心的多层木构架建筑。现今虽然仅存土芯，但土芯上留存有大量的柱洞，周边还出土了大批瓦石残件，其中的琉璃套兽和鸱尾非常精美。（图17）

西夏皇陵墓室的选址与构造同样颇具特色，以六号墓为例，与中原地区墓室多居于封土之下不同，此处的墓室居于陵台前方约20米处，分为一间主室和两间耳室。构造为生土开掘后内部施以木板、木柱支撑，整体形制较为简陋。

四、臣庶墓葬

本时期出现了一大批高规格、高质量的臣庶墓葬，其华丽程度与复杂程度，堪与帝王陵墓媲美。如位于今北京南郊的辽代赵德钧墓，为砖仿木结构，共有九室，墓内设有钱库、粮库等模拟日常生活的设施。新中国成立后在宣化、内蒙古等地陆续发现了一批高等级辽代墓葬，如库伦旗辽墓、宣化张氏墓、陈国公主墓等，墓室内部多饰有华丽的壁画并有丰富的随葬品。（图18）

一般的臣庶墓葬，多采用前后两进的双室墓结构。宋金时期在北方地区还流行使用砖仿木结构的单室墓。此类墓室普遍面积不大，仅 4~7 平方米，但墓室装饰华丽，工艺精湛。典型者如河南白沙宋墓，墓门普遍为仿木结构，檐部、斗拱、版门都刻画得非常细腻，与实物几乎无二。墓室为叠涩穹窿顶，内部以砖雕做出木结构建筑中的柱、额、枋、斗拱等，表面多施以彩绘。（图19）此外还常于墙面雕出各类日用器具，如桌椅、衣架等。表现夫妻生活的对坐宴饮图像亦有所见。金代砖墓在宋代墓葬的基础上，越发华丽精致。今山西汾阳地区的金墓，整体构造与宋墓类似，但在砖仿木结构的基础上加入了大量仿木装修砖雕，如槅扇、栏杆等。这些装修可谓丰富多彩，包含有大量目前文献已失载的精致做法。在墓室空间处理上，金墓也有明显进步，开始大量出现表现墓主生活的场景，如山西侯马董海墓的开芳宴图像、稷山县金墓中的观戏场面等。这些均反映出自北宋以来，经济繁荣、生活娱乐内容日趋丰富的情况。（见章前页图2）

17.
18.
19.

17. 西夏皇陵封土
18. 宝山二号辽墓壁画
19. 白沙宋墓一号墓前室的仿木结构与彩绘

案例解析 陈国公主墓

陈国公主墓是目前发现的唯一一座未被盗扰的高等级辽代贵族墓。墓葬为公主与驸马的合葬墓，位于今内蒙古通辽市。墓葬的地上建筑现已无存，墓道两壁绘有牵马侍从，墓室为四室两进格局，前室带左右耳室，后部为存放尸身的后室。墓室最外侧是砖仿木结构的墓门。前室为长方形，券顶，方砖铺地。四壁绘有壁画，顶部为天象图，侧壁有流云仙鹤及仆役数人。两侧耳室内存放有大量精美随葬品。后室紧靠后壁为尸床，公主与驸马仰卧其上。二者均头戴鎏金银冠，面覆纯金面具，身着银丝网衣，脚蹬银靴，通体装饰着各类珠翠宝石。通过陈国公主墓，学界首次接触到了完整的辽代高等级墓葬，其葬制、随葬品等均与中原地区差异很大，极具研究价值。（图20）（图21）

20
21

20. 陈国公主墓前室东壁壁画
21. 陈国公主墓内景

第三节 宗教建筑

本时期是一个政权分立的小分裂格局，各政权出于不同目的，对宗教也采取了不同的态度。北宋官方对佛教采取了抑扬兼用的两面政策，从整体看，利用大于信仰。辽与西夏政权则比较崇信佛教，在其境内广设伽蓝，各类佛事活动如刻经、法会等极其兴盛。金代皇室对佛教亦很推崇，但宗教管理制度相对较严，同时还禁止民间立寺。

一、佛教发展与寺院建置演化

宋代佛寺的发展与政治需求密切相关。早期官方对佛寺的数量控制很严，规定必须获得官方授权方有资格建立寺院。但到北宋中期后民间私立寺院的情况层出不穷，为有效加以控制，官方又规定拥有屋宇三十间以上的，方有资格申请立寺。不及此规模的，不能单独立寺，只能依附于大寺院。由此各大寺院下纷纷出现了大批"子院"，多者可有数十院。辽金时期，亦有类似的属院制度。

随着佛教崇拜的偶像自佛塔逐步转变为佛像，早期以塔为中心的布局模式逐步被摒弃，只有在辽国的某些地区，还遗存有此类佛寺，如应县佛宫寺就是一例。此时中原地区的佛寺大都将佛塔偏置寺院一隅，甚至不再建造佛塔，容纳佛像的高阁与佛殿成为寺院的主体。寺院内高阁与佛殿的位置安排较为灵活，有高阁置于佛殿之前的，如天津蓟州区独乐寺（图22），也有置于其后的做法，如河北正定县隆兴寺。（图23）此外还有置于佛殿两侧的做法，如山西大同善化寺。（图24）此外如转轮藏、罗汉堂等设施也开始普遍出现。

自唐代中期以来，禅宗的兴起对佛寺布局产生了重大影响，依相关文献载，禅宗寺院应有伽蓝七堂，即山门、佛殿、法堂、僧房、厨库、浴室、西净（厕所）等。此种布局在南宋时期得到长足发展，形成了所谓"山门朝佛殿，厨库对僧堂"（《大休录》）的布局。在这种布局下，中轴均为礼仪性建筑，两侧为附属设施。明代日本僧人道忠曾依据天人合一观

23
24
| 22

22. 蓟州区独乐寺鸟瞰图
23. 正定隆兴寺大悲阁
24. 大同善化寺普贤阁

25. 大同上华严寺大雄宝殿
26. 大同下华严寺薄伽教藏殿
27. 薄伽教藏殿天宫楼阁
28. 正定隆兴寺摩尼殿

念，将此种布局附会于人体，以佛殿为心，法堂为头，一方面体现了禅宗心印成佛的观念，同时也突出了法堂，契合了禅宗不重偶像的特征。

二、佛教寺院

辽金时期的重要佛寺主要集中在今山西大同市周边，如上下华严寺、善化寺等，此外天津蓟州区独乐寺、辽宁易县奉国寺也是重要的辽代遗存。

大同市曾是辽西京，属于陪都，地位尊崇，故而华严寺也具有辽代皇家御用寺庙的性质。华严寺原本规模巨大，但寺内现存辽代建筑仅有一座薄伽教藏殿，现今的大雄宝殿则建于金代重修之时。寺院整体布局受契丹族尚东习俗的影响，采用坐西朝东的布局。寺院为平地起寺，为烘托主体，营建了高达4米的台基用来安置大雄宝殿，薄伽教藏殿的台基更高达4.2米，由此似可看到汉唐以来高台建筑的遗韵。上寺大雄宝殿为单檐庑殿顶，面阔九间，进深五间。殿内现存的五方佛造像是明代遗物。（图25）下寺薄伽教藏殿为单檐歇山顶，面阔五间，进深四间。（图26）殿内尚存辽塑29尊，以胁侍菩萨最为精彩，其造型丰颐端丽，在继承唐代造型风格的同时，又体现出了契丹民族的特色。薄伽教藏殿内现存辽代壁藏（墙壁上用来存储经文的木柜）38间，均为仿木楼阁形式，后壁中央还作有飞桥，桥上安置有天宫楼阁，是极其珍贵的早期小木作精品。（图27）殿内彩画历经重绘，但仍大体保持了辽金时期的旧貌。

宋代木结构建筑的遗存分布较广，以山西、河北两省数量最多，其中正定县隆兴寺颇具代表性。隆兴寺始建于隋，至宋初成为皇家敕建寺院。（见章前页图3）目前寺内的主殿摩尼殿建于北宋皇祐四年（1052年），殿身每面出一抱厦，屋顶为重檐歇山，四出抱厦亦为歇山形式，整体形制奇丽，是现存宋代建筑中的孤例。（图28）殿内现存宋代塑像及明代壁画若干。摩尼殿北向还有两座宋代楼阁分立左右，分别是转轮藏殿与慈氏阁。转轮藏殿内的木制转轮藏宛如一座重檐小亭，是宋代小木作中的精品。寺院最北侧原有大悲阁一座，内有宋代铜制千手千眼观音像。目前塑像依旧，但在20世纪90年代重建后，已与原貌大相径庭。

三、佛寺塔幢与石窟寺

　　宋、辽、金时期，佛塔的建造依旧十分兴盛。现存者以砖石塔居多。就风格而言，宋辽之间差异明显，而金与西夏则多承袭二者，少有变化。

　　楼阁式塔中，最重要的当属山西应县佛宫寺释迦塔。该塔建于辽清宁二年（1056年），是我国现存最早、规模最大的木结构楼阁式塔。塔为五层八边形，底径约30米，高67.31米。该塔历经九百余年始终巍然屹立，已成为中国传统木结构技术合理性与先进性的生动例证。（图29）佛宫寺是一座以塔为中心的佛教寺院，塔后原有一座九开间的大殿，现已无存。宋代楼阁式塔常使用砖木混合的做法，塔身为砖芯，外部加木檐和木平座。典型者如杭州六合塔，苏州报恩寺塔、瑞光塔等。（图30）此外宋代还有不少纯砖石结构的楼阁式佛塔出现，如开封佑国寺塔、大足区北山多宝塔等。

　　辽代佛塔除楼阁式木塔外，也有少量楼阁式砖塔遗存，如庆州白塔，但更多的是不可登临的密檐式砖塔。由此也反映出契丹族仍保留着以佛塔为崇拜对象的信仰特征。此类密檐式砖塔一般多做成仿木结构外观，平面为八边形或四边形，下部有高耸的基座和修长的塔身，上部多为13层密檐。塔体工艺精湛，装饰华丽，内部多设有天宫、地宫，用以供奉圣物。典型者如北京天宁寺塔（图31）、辽宁北镇双塔等。金代佛塔承袭辽制，少有楼阁式塔出现，大多为密檐式砖塔。此外辽金时期还有一种名为花塔的佛塔广为流行。此类佛塔均为密檐式，在塔身上部的檐口处密布有须弥座、莲瓣、力士、异兽等雕饰，远望宛如花束绽放，故得名花塔。（图32）西夏佛塔兼有宋辽两国的特征，楼阁式与密檐式并用，后期由于受到吐蕃王朝的影响，还出现了覆钵式的喇嘛塔。

　　本时期佛教的发展已日趋世俗化，石窟寺的营造也渐趋式微，加之北方战乱频仍，佛寺营造活动逐步转向了经济发达、社会稳定的南方，在四川与江浙一带就了一批充满世俗色彩的石窟。其中以重庆市大足区的北山、宝顶山石窟最具代表性。北山石窟开创于唐代，至宋代达到鼎盛，以造像工艺细腻、端庄妩媚著称。北山第136窟的菩萨造像神

态温柔，极具亲和力。第125窟的观音像以女相出现，颇具世俗美感，故有媚态观音之称。宝顶山石窟的风格则雄浑大气，以大佛湾为中心，共计有万余尊造像留存至今，其中的释迦涅盘圣迹图、华严三圣以及极富生活气息的各类经变场景早已闻名于世。（图33）

四、道教宫观

宋代是继唐代之后，道教的第二个兴盛期。宋代历代帝王对道教均青睐有加。宋真宗曾亲赴泰山封禅，希望借助神力镇服契丹。徽宗则更加沉溺于此，自称梦遇老子，并以教主道君皇帝自诩，对道教的推崇达到了空前的程度。南宋初期，有鉴于亡国惨祸，对道教有所抑制，但到了理宗时期，面对诸多的内忧外患，又开始乞灵于道教，以图挽回颓势。辽、金、西夏诸国，则以佛教为主，道教始终未得到大的发展。

本时期的道教与佛教、儒学日渐融合，就建筑而言，道教宫观无论是建筑形制抑或是组群布局均与佛寺日趋接近。在具体营造活动上，北宋初年太宗在开封兴建太一宫、上清宫等建筑，但对于民间自建宫观尚有所抑制。至真宗时期，为渲染天赐祥瑞，诏令天下广建宫观。徽宗时期，东京城内的各类道教营建愈加繁盛，奢靡异常，统治者还曾诏令天下修建神霄玉清万寿宫，供奉包括自己在内的各类神祇，由此更加速了北宋的覆亡。南宋于临安的宫观营建已较北宋收敛许多，但百余年间依旧兴建了近三十所。

现存的宋代道教建筑以苏州玄妙观三清殿最为典型。（图34）三清殿面阔九间，进深六间，重檐歇山顶。主体构架仍存部分南宋旧物，但外部历经重修，已无早期风貌。四川江油云岩寺创建于唐代，寺内最重要的宋代遗物是一座飞天藏。（图35）此藏与正定县隆兴寺内的转轮藏功能类似，均是存储经卷，让信徒绕圈推转以祈福。飞天藏建于南宋淳熙七年（1180年），外观为楼阁式，上面广布雕饰，各类纹样多可在《营造法式》内找到对应样式。木结构之上还有大批宋代木雕装饰人物遗存，均是表情恬静，生动自然。此外如福建莆田元妙观三清殿亦建于宋代，河南济源奉仙观三清殿则建于金代初年，是目前北方最早的道教木结构建筑遗存。（图36）

33. 大足宝顶山释迦涅槃圣迹图
34. 苏州玄妙观三清殿
35. 江油飞天藏与《营造法式》中的转轮经藏图
36. 济源奉先观三清殿

案例解析 独乐寺观音阁

　　天津市蓟州区独乐寺由辽代权臣、官至尚父秦王的韩匡嗣资助修建，规模宏大，形制瑰丽。寺院为两进格局，自山门入内，正面是寺院的核心建筑——观音阁，阁后原有大殿一座，但早已无存。寺内现存的山门与佛阁均是辽代原物，虽经历代修葺，仍大体保持了辽代旧貌，实属难能可贵。山门为单檐庑殿顶，面阔三间，进深两间，中心一间开门，殿内两侧还有两尊辽代力士塑像。从视觉艺术的角度看，观音阁正对山门，二者的距离为36米，仅为阁高度的1.5倍，所以观者进入山门后，整个视野几乎完全被观音阁所占据，进而能感受到强大的视觉冲击力。观音阁是一座二层木结构建筑，面阔五间，进深四间，单檐歇山顶。阁内木结构的构造非常巧妙：梁枋交叉形成了一个菱形的空间，里面容纳了高达15.4米的辽代十一面观音造像。（图37）（图38）

37 | 38

37. 独乐寺观音阁
38. 独乐寺观音造像

第四节 住居建筑与园林

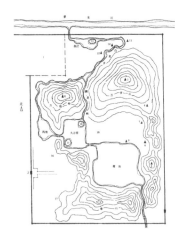

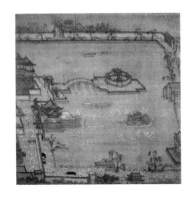

39. 艮岳推测平面图
40. 北海快雪堂内来自艮岳的太湖石
41. 金明池夺标图

园林发展至宋代，已日趋成熟，在士大夫与文人的文化生活中扮演了核心性的角色，造园技艺与艺术水准也达到了空前的高度。住居建筑在本时期与坊巷制的兴盛相呼应，各类新的建筑形式不断涌现，呈现出了百花齐放的局面。

一、皇家园林

北宋时期最为著名的园林当属徽宗时期完成的艮岳。徽宗受风水之说影响，为求子嗣绵延，在宫城内的东北方筑山，命名为艮岳，后又围绕其间广开池沼，大起楼阁，最终创造出了一个具有划时代意义的造园艺术佳作。

艮岳在施工前经过了详细设计，并制有图纸。为营缮此园，徽宗不惜工本，从全国各地搜求名木奇石，金灭北宋后，部分奇石被运至中都，现今北京北海公园内尚有部分遗存。艮岳以游赏作为建园的目标，所以园内均为景观类建筑，没有朝会典礼和居住设施。园内布局以池沼居中，四周环以山峦。整体看来，艮岳的造园手法明显吸收了唐代以来画论中关于山水布局的构图手法，成功地营造出了一片宛若天然的人工景观。园内共有建筑四十余处，均以点景、观景为目标，与自然风光成功地融为了一体。此外园内还饲养了大量的珍禽异兽，部分禽兽还训练有素，在帝王游幸时能列队迎奉，北宋末年统治者的奢靡与腐化由此可见一斑。（图39）（图40）

除艮岳外，如金明池等苑囿也是重要的观景游艺场所。金明池本是训练水军之所，后期变为举办龙舟赛事的场所。此类活动除皇家专享之外，每年还会定期向民众开放。辽金两朝深入汉地后，受汉文化影响，也逐步开始兴建各类苑囿，其中以辽南京和金中都较为繁盛，最著名的是金中都皇城内的西苑，苑内有太液池，池中有琼华岛等小岛，由此也开启了明清北京皇家园林的先声。（图41）

二、私家园林

自宋初以来，统治者采取了重文轻武的策略，文人士大夫的政治地位得到很大的提升。同时受益于繁荣的经济，两宋时期的文人往往集官僚、学者、收藏家、书画家等身份于一体。自身内向的精神与生活需求和外向的社交游艺需求相结合，促成了自南北朝以来私家园林的第二个发展高峰。

宋代私家园林是文人士大夫物质与精神生活的综合产物。此时文人士大夫的精神面貌在南北朝清逸出世的思想基础上进一步升华，形成了禅儒结合、清新雅致的基本特征。与此对应，他们在生活上也追求能体现主观感受的艺术环境。除了传统的琴、棋、书、画等艺术活动外，

42. 法门寺出土唐代鎏金银茶碾
43. 无为米公祠宝晋斋
44.《四景山水卷》夏景表现的园林建筑
45. 李嵩《月夜观潮图》表现的居住建筑
46. 芙蓉村芙蓉亭

品茶与文玩鉴赏流行一时。(图42)宋徽宗提倡的以"清、和、淡、洁、韵、静"为特征的品茶境界,恰与园林淡泊宁静的特征契合。文玩收藏鉴赏至宋代已成为一门显学。苏轼、欧阳修、赵明诚等文人均是此道中人。米芾收藏文玩之处名为宝晋斋,实际上就是一座园林,园内"高梧丛竹,林越禽鸟",以此种优雅的环境来衬托所收藏文玩的幽古之息,确实恰到好处。(图43)

两宋士大夫园林多为私园,北方以洛阳、东京居多,南方则主要分布在以临安为中心的江浙一带。宋人李格非著有《洛阳名园记》,详细记述了北宋时期洛阳的19座园林,其中18处为私园。这些私园大部分均为独立建园,附于宅邸的较为少见。同时园内多花木而少山石,与南方盛行的叠山理水做法尚有所区别。江南地区自唐末以来大都维持了安定和平的环境,并逐步成为全国经济最发达的地区,为私家园林的大发展奠定了基础。《武林旧事》记载了临安城内的45处园林,《梦粱录》记载了其中较为著名的16处。此外在吴兴、平江、润州等地均有大量园林,如平江城内的沧浪亭等至今犹存。辽代园林主要集中于南京城内,但远不如宋代发达。金代全力模仿两宋,中都城内建有大量私家园林,但限于资料,尚无法详述。(图44)

三、居住与市井建筑

两宋时期的居住与市井建筑得到了很大发展,出现了许多前所未有的类型。就居住建筑而言,借助部分宋代绘画,如《文姬归汉图》《千里江山图》等可以看到,此时期居住建筑的等级分化已十分明显。官员宅邸普遍为多进合院,宅院后部常设有池园。普通建筑多为悬山屋顶,高等级府邸可用歇山或庑殿顶。城市住宅的屋面已普遍使用瓦件,低等级住宅及乡村农舍,则多形制鄙陋,以茅草顶居多。(图45)

本时期的乡村大都为血缘聚居,尤其是江南地区的村落,其中很多都是为躲避战乱,自北方举族迁移而来的。今浙江永嘉地区以苍坡村、芙蓉村为代表的大批村落就是西晋至南宋时期迁居至此的。这些村落在营建过程中以风水理论为指导,以儒家伦理为核心,形成了独特的选址方法与空间布局观念。选址首重环境优美、生产便利。其次重安全、隐蔽性。布局以宗祠为核心,在风水术的指导下,希望通过水域、街道、建筑的设置,实现庇佑繁衍、文运昌盛的期冀。(图46)

宋代城市以东京与临安为代表,在传统商业建筑之外,出现了许多新型建筑,如酒店、邸店、瓦子等。北宋东京城内的酒店数以万计,与酒店类似的店铺还有茶肆和熟食店,均各具特色。两宋时期人口流动加剧,由此也催生了大量旅店类建筑。这些建筑多建于交通便利的河岸与道路两侧,除供人员住宿外还可充作货栈,此时称为邸店。由于建设便利,获利丰厚,官民无不争相营建,宋仁宗时期东京城内仅官营邸店就达十万余所,由此还设立了专门的管理机构。瓦子兴起于北宋末期,是各类演艺活动聚集的场所。内部多设有木结构的临时性演出平台,上演杂剧、杂技、傀儡戏、皮影戏、说唱等节目。此种演出平台至金代得到进一步发展,参考平阳金墓内砖雕可知,此时的舞台已是具有固定结构的完整建筑,不再是临时性建筑。

自 20 世纪 50 年代以来，山西南部的侯马、稷山等地发现了大批金代砖雕墓，由于此地属于金代的平阳地区，故统称为平阳金墓。这类墓葬均为砖仿木结构，在内部除可看到各类居住建筑外，还发现了众多戏台。如稷山马村的第 M1~M5 号、第 M8 号墓内均砌有戏台，戏台外观为亭阁形式，多为单开间，戏台上往往设有砖雕戏曲人物。通过此类戏台可以看到，金代社会生活在继承宋代平民化、商业化的同时，内容的丰富程度进一步得到发展，其中市井娱乐与戏剧文化较北宋更加发达，由此也为后期元代戏剧与戏剧建筑的大发展奠定了基础。（图 47）（图 48）

47

48

47. 侯马董明墓戏台及戏曲人物

48. 稷山马村二号金墓戏曲人物

第五节 建筑艺术与技术

49

50 | 51

本时期的建筑艺术与技术呈现了两种不同的发展方向。辽代建筑整体上秉持了唐代建筑简洁、雄浑的风格。而宋、金时期的建筑则日趋繁密、华丽。在技术上,北宋末期编纂的《营造法式》对日渐复杂的建筑技术进行了适时总结,为后人留下了一笔极其宝贵的财富。

一、《营造法式》与宋代营缮制度

《营造法式》成书于北宋元符三年(1100年),是现存最早、最完备的具有法规性质的建筑施工技术标准。自唐代以来,随着建筑技术的不断发展,施工管理的难度也在日益增加。北宋时期营建繁盛,但很多工程由于管理不善,导致浪费严重。为扭转此种局面,自仁宗时期就开始着手准备《营造法式》的编纂,但直至50年后才在李诫的主持下编纂完成。编纂此书的目的在于明确施工制度,加强施工管理,防止贪污浪费。

《营造法式》全书共34卷,分为释名、诸作制度、诸作工限、诸作料例、图样共五大部分,分别详述了与营建相关的做法、施工定额、用料标准和技术图样。通过对当时建筑技术的全面总结,《营造法式》成功地建立了以"材分制"为基础的统一技术标准,同时又针对不同人员、材料与技术的要求,给出了相应的变通之法,形成了"有定法而无定式"的建筑规制,使营造活动在得到规范的同时又不失灵活性。(图49)

《营造法式》除文字记载具有重要意义外,图样部分同样值得重视。书中共附图218版,是中国建筑技术与艺术史上一部空前的图样集成,涵盖了测量仪器、石作、大木作、小木作、雕木作、彩画作等内容。这些图样非常形象地展示了宋代建筑的组合特征与细部做法,成功地弥补了文字叙述难以形象表达技术细节的缺陷。同时,这些图样也是12世纪中国制图学成就的集中展示。图样内的各种表达方式均可在当今的建筑制图学中找到对应。如正投影模式的平面、立面、剖面图,轴测图,一点透视图等。(图50)(图51)

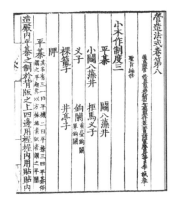

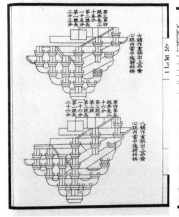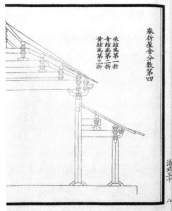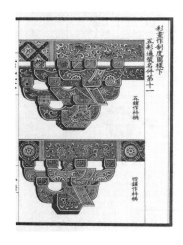

二、造型与装饰艺术

宋代建筑的平面布局与前代相比，更加复杂而华丽，除工字殿外，还有十字形、曲尺形、丁字形等造型大量出现。建筑屋顶的样式也日趋复杂，常用歇山顶组合成复杂的造型，如隆兴寺摩尼殿就是一例。目前存世的宋代绘画更表现了诸多华丽异常的屋顶组合形式。辽金时期的屋顶造型多用庑殿顶，整体风格与宋代颇有不同。

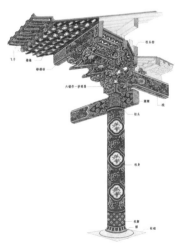

本时期的小木作装饰日渐繁密华丽，平阳金墓墓室内的仿木槅扇常用数种乃至十数种菱花予以装饰。建筑实物虽相对简约，但也是华丽异常，如朔州崇福寺弥陀殿的槅扇菱花就是一例。此外如薄伽教藏殿的天宫楼阁、隆兴寺的转轮藏、应县净土寺的天花藻井等也是本时期小木作的典型代表。（图52）

石作雕饰在本时期得到广泛应用，各类柱础、台基、栏杆均大量施以雕饰。据《营造法式》载，石作雕饰按照雕刻的复杂程度可分为剔地起突（高浮雕）、压地隐起（浅浮雕）、减地平钑（线刻）、素平（抛光平面）四种。雕饰纹样多用海石榴花、宝相花、牡丹、云纹水浪、化生人物等。（图53）

彩画在本时期已成为最主要的木结构装饰方法。据《营造法式》所载，再对照白沙宋墓等现存实物，可以看到宋代彩画较前期更加富丽鲜艳、纤细繁密。在等级上，以红、黄等暖色调为高等级，青绿次之。以纹样繁密者为高等级，单色涂刷为低等级。由此形成了五彩遍装、碾玉装、青绿迭晕棱间装、解绿装、丹粉刷饰等不同等级。最高等级的五彩遍装可以用金，建筑通体则绘制各类纹样，放眼望去，可谓繁花似锦。（图54）辽代彩画与宋代差异较大，从庆陵、义县奉国寺等处的遗存可以看到，整体上仍以暖色为主，但绘制较为随意简单，体现了早期风格的影响。

三、建筑技术的演化

自中唐以后，以木结构技术为代表的建筑技术日趋成熟，本时期的建筑技术在此基础上进一步向规范化与多样化的方向发展。

通过将《营造法式》和现存实物进行对比，可以看到，作为传统木

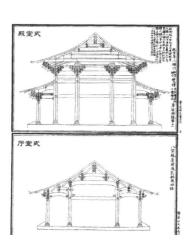

55.《营造法式》厅堂与殿堂图
56. 五台山佛光寺文殊殿内景
57. 西夏琉璃鸱尾

结构核心设计法则的模数制度此时已在实际建造中得到了广泛使用。建筑群中的各类建筑则以用材等级来区分主次,如大同善化寺,最高等级的大殿用二等材,三圣殿用二等材,等级略低的山门用三等材,次要的普贤阁则用四等材。

在结构体系上,《营造法式》中记载了殿堂式、厅堂式等类型。一般而言,殿堂式多用于大型的高等级建筑,厅堂式则用于小型的低等级建筑。(图55)

结构技术上,为获得较大、较合理的室内空间,辽金时期的建筑出现了减柱与移柱的做法,如上华严寺大雄宝殿、佛光寺文殊殿等。这类做法往往极为大胆且效果明显,但也存在很多结构隐患。宋代建筑的减柱、移柱做法相对较为规范,如晋祠圣母殿。此外,辽金时期出现了内外套筒结构、三角形桁架、V形斜撑等新型做法。这些做法使木结构在传统的水平与竖向连接之外得到了进一步的加强,由此也大大增强了本时期木结构建筑的耐久性与可靠性,佛宫寺释迦塔、独乐寺观音阁等建筑就不同程度地使用了这些技术。(图56)

作为中国传统建筑象征的斗拱体系,本时期出现了明显变化。首先用材尺寸明显缩小,同时结构作用也逐渐丧失。此外,辽金时期各种华丽的斜拱也得到了广泛使用,由此开启了元代之后斗拱体系走向装饰化的先声。(见章前页图4)

琉璃砖瓦至宋代已得到广泛使用,成为建筑装饰的核心元素之一。此时无论是制坯、烧制,还是最后的加工组装,都已有了一套规范化的做法。如开封祐国寺塔,通体为琉璃砖瓦镶嵌。西夏王陵出土的琉璃鸱尾,高1.52米,宽58厘米,颜色艳丽,形态生动。朔州崇福寺弥陀殿鸱尾,为金代烧制,高3.5米,宽3.2米,共由20余块分件拼合而成,外部色泽统一,花纹衔接准确,显示了高超的技术水平。(图57)

模数制，是指为实现设计标准化，采用特定的尺度单位作为设计尺寸基础的方法，是现代建筑设计的通行做法。宋《营造法式》内有"以材为祖"的提法，指的就是以"材"作为基本尺度单位，进行建筑设计的方法。

宋代的"材"是一个具有多重意义的概念，首先指的是设计之初选用的木结构的等级，等级越高的建筑，其用材越大，相应的安全系数也就越高。此外"材"还可以指符合该等级的各类建筑构件，以及此类构件的断面尺寸。"分"是具体的模数计算单位，按宋代规定，"单材"的截面，高 15 分，宽 10 分；"足材"高 21 分，宽 10 分。宋代的"材"分为八等，实际尺寸最大者其断面为 9 寸 × 6 寸，最小者为 4.5 寸 × 3 寸。用"材"确定建筑等级，以"分"作为模数计算单位，设计者就可以将建筑各部分的主要尺寸按"分"来设计并折算出实际尺寸，由此也就实现了模数化的设计。（图 58）（图 59）

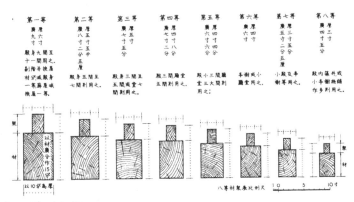

58

59

58. 材分制

59. 以三等材规格复原的宋代殿堂式重檐歇山建筑

第四章
元、明、清时期的建筑

本时期是中国封建社会的最后阶段，各王朝的统治者对以汉文化为核心的主流文化采取了截然不同的态度，由此也导致各时期的建筑与社会文化发展呈现出了迥然不同的局面。来自草原的蒙元统治者在初入中原之时，对汉文化与内地民众采取了蔑视与摒弃的态度，对整个中国腹地，特别是北方地区的生产力造成了极大破坏，至忽必烈执政后，才逐步有所改善。元代统治时期，虽然大都等个别城市获得了极其宏伟的建设成就，但整体社会发展始终处于停滞甚至衰败之中；以藏传佛教为核心的宗教建筑在统治者的支持下获得了很大发展，但历代备受重视的礼制建筑却发展缓慢。然而，得益于元代的大一统局面，各地的建筑技术与文化之间获得了广泛的交流，为明代的建筑大发展奠定了基础。明代以恢复汉族正统为标榜，各项规制以复古为先，建筑形制多宏伟壮丽、规范严谨。以南北二京为代表，城市与建筑获得了极大的发展。明代中后期随着各地商品经济的发展，地方城市也日渐繁荣。在江浙地区，民居与园林的营造更是盛极一时。明代建筑装饰与技术也日趋成熟，开始大量使用琉璃与砖瓦。得益于元代中亚伊斯兰建筑技术的流入，此时的砖拱券技术也得到了很大发展。清朝入关后，虽有短暂的战乱，但社会很快就进入了平稳发展的阶段，中国封建制度也迎来了最后的辉煌。初入中原的清朝统治者虽然也曾利用文字狱等手段压制汉族知识分子，但总体上对儒家文化采取了积极学习使用的态度，由此也全面继承了明代以来的建筑规制，并取得了不少创新性的发展。以皇家园林的营建、木结构做法的进步为代表，无论是建筑艺术还是建筑技术，清朝均达到了一个全新的高度。

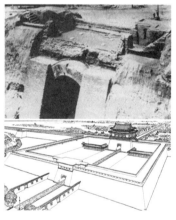

第一节 城市与宫室

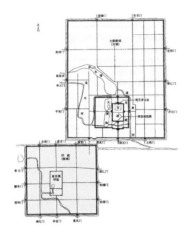

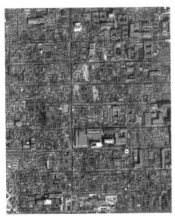

元代曾先后建立过三座都城。最早的是位于今蒙古国境内的和林城，随后在忽必烈时期先后修建了元大都及位于今内蒙古自治区锡林郭勒盟的元上都。朱元璋建立明朝后，对国都选址有过多次尝试，对凤阳、开封、南京等地均曾加以考虑，但最终还是选择了地形险要、交通便利的南京。朱棣以靖难之役夺取政权后，迁都北平府，并一直沿用至明亡。清朝入关后沿用旧制，以北京为国都。

一、元大都及宫室

忽必烈在掌握政权之后，为便于向南宋扩张，控制全国，在至元四年（1267年）责成刘秉忠以金中都为基础兴修都城。元大都的设计明显受到了《周礼·考工记》中匠人营国制度的影响，但从中亦可看到金中都与北宋东京城建设经验的痕迹。

元大都选址于金中都东北方，形成了新旧二城并列的格局。早期金中都依旧十分繁华，但为了促进新城的发展，充实新城人口，忽必烈下令旧城内的富户与官员迁移到新城内居住。此时，中都开始走向衰败，到元末最终被废弃。与宋东京城直接在旧城基础上发展新城相比，元大都在异地兴建新城，在获取旧城人力物力支持的同时，也有效避免了旧城的束缚，这是元大都在选址规划上的一大成就。（图1）

大都城平面为南北向长方形，面积约50平方千米，城内主要街道规则齐整，尺度适宜，成功地避免了隋唐长安过于庞大的弊病，同时也不像北宋东京那样狭窄和拥挤。此种规划格局后期为明清北京所继承，至今仍可看到相关遗迹。（图2）城内有积水潭、太液池、金水河等诸多水系，并借助京杭大运河成功实现了货运直通城内，为后世明清北京城的延续与发展奠定了物质基础。（见章前页图1）

城市布局以宫城为核心，分为东、西、南、北四个区片。宫城位于城市中轴偏南位置，以金代离宫为基础修建而成。宫室建筑多模仿宋金规制，主要殿宇均采用工字型格局。宫城内东北方设有羊圈，西南方设有鹰房。宫室建筑的室内多用皮毛、毡毯装饰，延续了游牧民族的生活习惯。城内东区建筑密集，多为衙署和权贵居所，商业活动也较为发达。西区同为居民稠密之处，但多为中下层民众。南区位于新旧两城交界之处，也很繁华。北城人口相对稀疏，但积水潭一带由于漕运兴旺，各类商业活动也很兴盛。

二、明南京与宫室

明南京城是在南朝建康城的基础上修建而成的。朱元璋因六朝各政权均国祚不久，对六朝宫室颇为忌讳，所以有意避开了六朝宫室的旧址，在其东侧的田野空地上新修宫城。以东侧的宫城为核心，明

1

2

1. 元大都与金中都平面位置图
2. 北京什刹海地区的方格路网

南京城形成了三大区块。西南侧为紧邻秦淮河的居民与手工业、商业区。北侧为军事区,主要用于驻扎军队。受地形与旧有市区的影响,南京城墙为不规则的曲线,全长37千米。城墙外还有一圈土筑的外郭,全长约50千米。(图3)(图4)

明初南京城内的商业设施主要集中于秦淮河两岸,各类行业无所不包。风景园林主要集中于城外各丘陵地带以及北向的玄武湖沿岸。在城外东部的钟山地区,是明南京最重要的陵墓区域,明孝陵和多座高级贵胄的墓葬都选址于此。

南京宫室的营建始于明初,至洪武末期方告完成。新建之初,朱元璋就要求建筑形式必须以礼制为基础,目的在于以遵循古制、恢复汉文化的正统地位为号召,为驱逐蒙元统治者做好政治舆论准备。宫室规制以传统的三朝五门制度为基础,借助天人感应之说予以规划。宫城选址于钟山之阳,背倚钟山的主脉富贵山,充分彰显了帝王的权威与地位。同时,明南京还继承了自唐代以来宫室北向、衙署南向的格局,在皇城南向设千步廊,两侧是各类政府机构。皇城正门名为承天门,北向依旧是左祖右社的格局,前朝部分为三大殿,分别是奉天、华盖、谨身。后寝也是三大殿,分别为乾清、省躬、坤宁。

三、明清北京

明代北京是在元大都的基础上发展而来的。洪武元年(1368年),明军攻入大都,为便于防守,明军放弃了城北人口稀少的地带,在城内新筑了一道北城墙。永乐十四年(1416年)朱棣决定迁都北京后,开始在城内兴修宫室,建设衙署。此时的宫城位置较元代略向南移,依据风水之说,也为了延续南京宫室的做法,在北向元代宫室的旧址之上堆建了一座山丘,名叫万岁山,清代改名为景山。此山一方面用来镇压元朝的王气,另一方面也是明代宫室的镇山所在。(图5)宫城内的各类宫室大都摹自南京宫室,此外由于宫城南移,此时的南城墙也相应地向南扩展了800米,将元代大都南门附近的繁华地带划入了城内。明代中期之后,由于北方各蒙古部落不断入寇骚扰,为增强京师防御,最终在嘉靖三十二年(1553年)正式开始修建外城。原计划围绕现有城墙再筑一道环形外城,但限于人力物力,最后仅在南城的人烟稠密地带加筑了一道外墙,由此正式形成了明清北京城独特的凸字形格局。(图6)

明代北京城的发展是一个重心逐步南移的过程,体现了经济发展引导城市规划的特色。城市延续元大都宫城与城市中轴重合的布局,形成了贯穿北向钟鼓楼、万岁山、三大殿、正阳门的一条中轴线。嘉靖增筑外城后,这条中轴线更延伸至永定门。这条总长达九千米的城市中轴线充分彰显了城市的庄严气魄,在气势与规整程度上远远超过了元大都,成为明王朝中央集权的集中体现。(图7)(图8)除中轴线外,内城的街道格局大体延续了元大都的规制,横平竖直,方正有序。外城增建部分由于街道多为自发形成,缺乏规划管理,所以较为凌乱,不甚规整。

明代北京的豪富贵戚多居于内城,外城多为中下层居民与商户。清

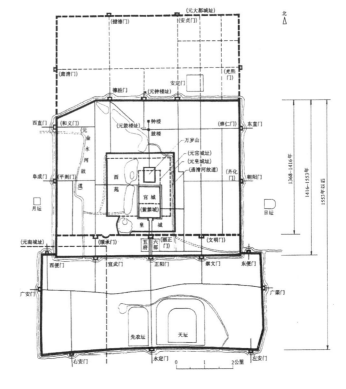

6. 明北京发展历程平面图

7. 钟鼓楼

8. 正阳门至鼓楼中轴线

<table>
<tr><td>7</td><td>6</td></tr>
<tr><td>8</td><td></td></tr>
</table>

朝入关初期,出于巩固统治的需求,实施了野蛮的强制迁居政策,将汉族与回族民众逐出内城,使得外城人口剧增,日渐发达。内城则专供满蒙统治者及其仆役兵丁居住。

四、北京与盛京宫室

明代北京宫室承袭了南京宫室的整体格局,自永乐十四年开始,仅用四年时间就完成了核心殿宇的修建。此后历代均有增修,到嘉靖时期已形成了一个功能齐全、结构严整的宫殿建筑群。此外,北京宫室虽模仿南京宫室,但南北向增长了200余米,使得整个建筑序列得以加长,建筑体量得以加大,恢宏壮丽的程度已然超越了南京宫室。

北京宫室以承天门(清代称天安门)为皇城正门,入内东西侧分别是太庙与社稷坛。以午门为宫城正门,入内后宫城纵向分为三大区域,中轴线部分是前朝,分别是奉天、华盖、谨身三大殿(清代改称太和、中和、保和),东西两侧有文华殿和武英殿建筑群。(见章前页图2)后寝部分的中轴线上为后三大殿,分别是乾清宫、交泰殿和坤宁宫。东西两侧为东西六宫。最北侧为钦安殿建筑群,到明代后期被改造为御花园,清代承袭不变。(图9)

明代初期,宫室内苑囿设施很少,自明代中期始,先后建设了南内、西苑等园林设施。至清代,奢靡之风日盛,宫城内的狭小地域已无法满足统治者的需要,于是便在城外西山地域大兴土木。宫城内的苑囿除乾隆晚年修建的宁寿宫外,基本保持了明代以来的格局。(图10)此外,明清诸帝多佞佛崇道,导致宫内出现了大批的宗教建筑。同时由于

满族崇信萨满教,还专门将本为皇后居所的坤宁宫改建为了专用的祭祀场所。

　　盛京即今辽宁省沈阳市,是清朝入关之前的国都。盛京宫室的修建分为三个时期,形成了东、中、西三路并立的格局,体现了清朝政权逐步吸收先进汉文化的过程。东路建筑群创修于努尔哈赤时期,以类似幄帐外观的大政殿为中心,南向依次排列着十座殿宇,称为十王亭,分别供八旗旗主与左右翼王使用。此种格局体现了后金政权早期的部落联盟特征。(图11)中路建筑群为皇太极时期创建,布局已明显受到汉文化影响,形成了中轴对称、前朝后寝的格局。正南为大清门,入内为正殿崇政殿,二者均是单层硬山顶形式。崇政殿仅有五开间,形制较为简陋,装饰内容也富有民间特色,体现了早期的后金政权在财力与技术力量上相对匮乏的局面。(图12)崇政殿之后为寝区,整体安置于一座高台之上,以名为"凤凰楼"的三层重檐歇山木楼阁作为入口,具有明显的防卫警戒特征。寝区正殿为清宁宫,东西两侧有配殿数间。西路及中路的东西两侧,均是乾隆时期增建的行宫建筑,已与北京的同类建筑几乎无二。

10 | 9
11 |
   | 12

9. 故宫后三大殿至神武门
10. 宁寿宫畅音阁大戏台
11. 大政殿
12. 崇政殿

太和殿建筑群由三大殿及台基、廊墙共同构成。参考南京博物院藏明代《宫城图》可以看到，现存建筑的整体外观与早期相比已经有了很大的差异。太和殿建筑群初建于明永乐十八年（1420年），但不足一年就遭雷击焚毁。正统五年（1440年）重建完成。嘉靖三十六年（1557年）再次起火焚毁，随后又加以重修。但由于材料匮乏、财力不足，复建的三大殿不论是建筑尺度抑或是用材等级，较永乐时期均大为缩水。1644年故宫再遭火焚，清朝重建时吸取了明代数次火灾的教训，将宫殿两侧的连廊改为封火墙（据国家博物馆藏明代《宫城图》显示，有可能在明代中期时就已开始使用封火墙），有效地降低了火灾蔓延的风险，但同时也割裂了三大殿建筑群的整体视觉形象。建筑规格也延续了明代中晚期偏于窄小的形式，这使得目前太和殿建筑群在殿身尺度与台基尺度上出现了明显的不协调感，殊为遗憾。与之相反，现存建于明初的太庙正殿及长陵祾恩殿给人的视觉感受就要和谐饱满许多。（图13）（图14）

13 | 14

13. 太和殿

14. A为南京博物院藏明宫城图内使用连廊的太和殿与太和门。B为永乐时期建造的瞿昙寺隆国殿的连廊做法

第二节 坛庙与陵墓

元代统治者对属于汉文化核心内容的礼制祭祀多不甚重视，终元一世，祭祀建筑未有明显的发展。明代以恢复汉族正统为标榜，各类制度均极力追古，由此也带来了祭祀建筑的大发展。清代全面继承了明代的相关规制，少有更动。在墓葬方面，皇家陵寝以明孝陵为先声，开启了一个全新时代。民间墓葬在艺术与技术上则整体趋于衰落，精美的仿木结构砖雕墓与壁画墓自明代起已基本绝迹。

一、神祇祭祀

明清祭祀建筑的祭祀对象，可分为自然神与祖先圣贤两大类。朱元璋曾有语："天生英物，必有神司之。"这种万物有灵的观念使得明代的神祇祭祀得到了极大的发展，形成了上至天帝、日月星辰，下至地祇、社稷、岳镇海渎的庞大祭祀谱系。（图15）

这类建筑中，最核心的是天地祭祀建筑。明初在钟山之南建造了一座圜丘用于祭天，后来将露天的圜丘改建为大祀殿，在室内进行天地合祭。朱棣迁都北京后，依照南京旧制，建大祀殿于南郊。嘉靖九年（1530年），以天地合祭不合古制为由，在大祀殿南侧另建圜丘，恢复了露天祭祀，随后拆除大祀殿，在原址上按明堂的意向，修建了一座三重檐攒尖顶的圆形建筑，名为泰享殿，即清代的祈年殿。早期泰享殿屋檐的上檐为青色，象征苍天，中层檐用黄色，象征大地，下层檐用绿色，象征万物。到清代后均改为青蓝色，取得了更为统一的艺术效果。嘉靖时期还在圜丘北侧增建了圆形重檐攒尖顶的皇穹宇（清代改为单层攒尖），用来存放昊天上帝的神位。此外在坛西侧还建有供帝王祭祀前斋戒休息的斋宫，献祭奏乐与供奉牺牲的神乐署、牺牲所等附属设施。（图16）（图17）

天坛是我国建筑史上思想性与艺术性取得高度统一的杰出作品，除前述的象征主义手法外，天圆地方的宇宙观也在建筑中得到体现。天坛的两重围墙均取北圆南方的格局，北为上，代指天，南为下，代指地。此外圜丘为圆形，其外墙为方形，祈年殿为圆形，外墙亦为方形。在具体祭祀制度上，也充分体现了精神信仰与物质营造的互动。古人认为天地是质朴之极的事物，祭祀务必自然，不可浮华，所以以均积土为坛，露天祭祀，圜丘的建设就体现了这种思想。同时古人认为在祭祀中需要通过上

15. 明代曲阳北岳庙德宁殿
16. 祈年殿
17. 圜丘与皇穹宇

15	
16	17

升的烟雾与苍天取得直接沟通,于是便在圜丘的南侧建造了一座燎坛,用来焚烧祭品,使烟雾上达天听。(图18)

在营建天坛的同时,嘉靖时期还另建地坛于城北郊,同时于城东立日坛,城西立月坛。由此成为定制,清代亦继承不变。

二、宗庙与圣贤庙

元代太庙建于宫城东北的齐化门内,明代太庙首创于南京,朱棣迁都后,模仿南京太庙营建了北京太庙,沿用左祖右社的格局,将太庙安置于宫城东南侧。太庙建筑群设有三进院落,正殿含围廊面阔11间,规模仅次于现存最大的明代建筑——长陵祾恩殿。清朝入关后,对太庙予以沿用,现存建筑基本保存了明代初期的风貌。(图19)

本时期的圣贤类祭祀以孔子祭祀最为繁盛。元代尊奉孔子为大成至圣文宣王,明代为恢复古制,对孔子的尊奉更达到空前的程度。除在南京鸡鸣山国子监旁建设孔庙外,还在全国各州、府、县遍建孔庙,总数达1560所。清代在继承明代规制的同时,还有所创新。乾隆时期在京师国子监内模仿古制兴建了一座外部环水如璧、面阔七间的方形攒尖顶建筑,称为辟雍。(图20)除孔庙外,在各地还设有孔子主要弟子的庙宇,如曲阜、苏州的颜子庙等。

孔庙的建筑规制在元代后基本定型,一般均选址于各处官学的附近,形成了庙学合一的格局。就建筑布局而言,最外侧是照壁与棂星门,在棂星门前后一般均设有一个半圆形的水池,称为泮池。棂星门内为大成门,门内是大成殿与两廊,内部供奉孔子及其弟子以及历代贤儒的神主。除这些核心性的祭祀建筑外,一般在孔庙后部还会设置用来集会的明伦堂、用以藏书的尊经阁等。

现存孔庙中,以孔子故里的曲阜孔庙最为宏伟壮丽。孔子谢世后,他的旧宅被辟为祭祀场所,至今已有两千余年的历史。现存建筑主要为元明清三代的遗物,由于历代增建不辍,形成了一个进深七进院落的宏大建筑群。(图21)曲阜孔庙以中部的大中门为界,分为内外两大部分。外部最著名的是金声玉振坊(图22),进入大中门后是明代弘治年间建成的奎文阁,建筑面阔七间、进深五间,外观为二层三檐歇山顶,内部实为三层。奎文阁北向是大成门与大成殿,大成殿为清雍正时期重建,面

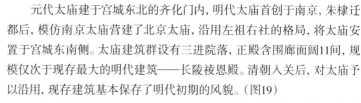

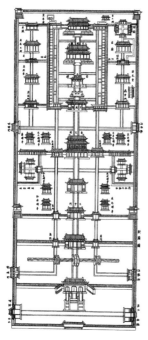

18 | 19
20
21

18. 天坛核心区鸟瞰图
19. 太庙正殿
20. 北京国子监辟雍
21. 明正德《阙里志》载孔庙平面图

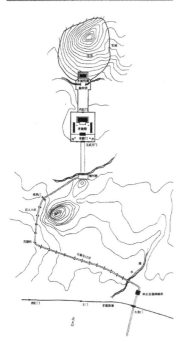

阔九间，重檐歇山，殿前有石质盘龙柱，雕饰极为精美。（图23）大成殿后还有各类配属建筑，如圣迹殿、土地祠、神厨等。

三、明代皇陵

元代帝陵在地面以上不作任何标记，所以现均已无迹可寻，据推测埋葬地点应该位于今蒙古国境内。明代皇陵以恢复古制为标榜，沿袭了因山为陵、帝后同穴、建设集中陵区等早期做法。但放弃了唐宋以来的上下宫制度，而是合二为一，形成了以祾恩殿为中心的布局。此时期的封土也由覆斗形改为半圆形，体积大为缩小，称为宝顶。并在外部建有类似城墙（宝城）、城楼（方城明楼）的设施，形成了内置半圆形封土、外设方城明楼的宝城制度。陵寝形制的改变，体现出在封建社会晚期，传统的灵魂与事死如生观念已逐步淡化，陵寝日益成为体现礼制与权力的象征物。原本在上下宫内进行的日常祭祀活动此时受到很大的削弱，陵墓封土的重要性也大为弱化，而能充分彰显权势的陵区地面建筑则变得日益复杂化、大型化，成为明清皇陵视觉形象的核心内容。

明代皇陵以南京孝陵与北京十三陵最为典型。孝陵是朱元璋的陵寝，陵区以大金门为入口，入内是功德碑亭，沿神道依次设有石像生、棂星门、陵门、祾恩殿、方城明楼、宝城宝顶。孝陵创造了一种全新的陵制，为后期明十三陵与清代皇陵所继承，成为中国陵寝制度演化的一个转折点。此外曲折蜿蜒的神道设置，也是孝陵的一大特色。（图24）（图25）

北京十三陵选址于天寿山南麓，三面环山，南向开敞，形势十分优越。陵区入口处设置了一座五开间仿木石牌坊（见章前页图3），属于创新之举，向内是类似孝陵大金门的大红门，后部则大体类似孝陵规制，神道末端直指长陵陵门，入内则是祾恩门与祾恩殿。（图26）祾恩殿置于三层台基之上，面阔九间，进深五间，重檐庑殿顶，主体构架均为楠木制成，是现存规模最大、形制最高的明代官式建筑，工艺之精湛、用料之精美已超越了故宫太和殿。明陵地宫的情况以定陵为例，整体为石拱券结构，按传统的前朝后寝格局分为前、中、后三进与左右配殿。十三陵陵区在继承孝陵规制的同时，也有明显的创新，最突出的当属各陵共用的神道。通过单一神道的设置，成功地营造了一种统一肃穆的氛围。同时，神道沿途通过利用山丘形成了双阙对峙的格局，这在满足风水与仪

式要求的同时, 也使陵区气势更加宏伟开阔。

四、清代皇陵

清代皇陵分为关外四陵与东西二陵。关外四陵埋葬的是努尔哈赤、皇太极和后金皇族祖先。此时期的陵制已明显受到了明陵的影响, 大红门、石牌坊、石像生、隆恩殿(即明代的裬恩殿)、宝城明楼制度均已出现, 但这几处陵寝多建于坡地之上, 有长距离的登山踏道。方城采用了具有明显防卫特征的城堡式布局, 独具特色。(图27)

清朝入关后, 全盘继承了明陵规制, 首先在京东的河北遵化地区营建陵区, 得名东陵。顺治、康熙均葬于此。雍正以遵循周礼昭穆之制为由, 在京西的河北易县创建了西陵。自此清代诸帝大体遵循昭穆之制分葬于这两座陵区。清陵与明陵基本类同, 但也有一些特殊之处。如清陵的宝城不再采用圆形, 而改用长圆形, 体量也大大缩小。明长陵宝城面积4500平方米, 清孝陵宝城面积仅2700平方米, 至光绪崇陵更降至1500平方米。此外清陵的地宫无论是埋深还是建造规模都比明陵缩减了许多。

在建筑艺术上, 清陵也有不少创新之处。在风水理论指导下的陵区选址在景观方面形成了很好的视觉效果, 使自然与人工融为一体, 成功地营造出了神圣庄严的氛围。在细部装饰上, 以乾隆裕陵与慈禧定东陵为代表的陵寝可谓登峰造极。裕陵地宫内部遍布雕饰, 仅石刻雕饰用工就达五万余工(熟练工人每工作一天称为一工)。(图28)慈禧定东陵则更加奢靡, 除各类精致绚丽的石雕外, 裬恩殿及配殿的主体构架与小木作均采用贵重的黄花梨木制作。墙壁装饰与彩画大量使用满铺金箔的浑金做法, 仅黄金一项就耗费四千五百余两。(图29)

27 | 29
28

27. 沈阳福陵隆恩门
28. 清东陵裕陵雕饰
29. 清东陵定东陵室内装饰

案例解析 影响广泛的关帝庙

关帝即三国时期的名将关羽，自其阵亡后，在传统文化中逐渐被神话为忠义、智勇、仁爱的化身。宋代以来，在历代统治者的不断加封与推崇下，形成了影响广泛的关帝文化。由此关羽也有了武圣人的称呼，可与孔夫子并列，同时还受到释道二教的青睐，被其纳入自己的神祇谱系。最早加封关帝的是北宋徽宗皇帝，在宣和年间赐其封号义勇武安王。元明时期关羽屡被加封，到万历年间，被加封为"三界伏魔大帝神威远镇天尊关圣帝君"。由此也正式形成了关帝的概念。在清代关羽的封号不断加长，至光绪年间竟多达22字。国内现存的关帝庙大多为清代建筑，以关羽故里的山西解州关帝庙最为著名。此庙建筑规制模仿宫室建筑，以影壁为起始，其内有端门、雉门、午门、御书楼、崇宁殿、春秋楼等建筑，规模宏大，建筑精美。此外在各类佛寺中常设有伽蓝殿，内部也多供奉有作为伽蓝神的关帝。（图30）（图31）

30 ／ 31

30. 解州关帝庙春秋楼
31. 解州关帝庙崇宁殿

第三节 宗教建筑

本时期由于政治力量的左右，宗教发展呈现出了不平衡的态势。以禅宗为代表的汉传佛教在元明时期得到一定的发展，但进入清代后则日趋没落。与此同时，藏传佛教由于受到统治者的重视，在元代即得到较大发展，至清代，寺庙建筑已遍及全国各地。道教除少数时间得到皇室支持，有所发展外，多数时间亦趋于没落。伊斯兰教建筑则形成了维吾尔族与回族两个不同的体系。

一、汉传佛教寺院

佛寺建筑的形制在元代出现了两极分化。一类大体继承了宋代技术，整体做法较为规整细致，如浑源县永安寺传法正宗殿、上海真如寺大殿等。(图32)另一类则多用减柱、移柱做法及大跨度额枋，构架往往加工粗糙，做法亦缺乏规范性，典型者如洪洞县广胜下寺。(图33)这种局面的形成有很深刻的历史原因。蒙古族入侵导致技术人员大量丧失，战火中幸存下来的工匠又被大批编入专供官方使用的匠局，由此使得官方主导的建筑多中规中矩，而民间营建则普遍出现了明显的技术衰退。

明代佛寺呈现出了全面规范化的特征，满堂柱式成为通行的做法，典型者如太原崇善寺、洪洞县广胜上寺、北京智化寺(图34)等。在木结构建筑趋于规整的同时，元代以来传入内地的中亚砖石拱券技术也得到了日益广泛的使用，由此诞生了名为"无梁殿"的全新建筑类型。此类建筑的外部为砖石仿木结构形式，内部由砖石拱券构成，空间开敞，防火防盗，具有木结构建筑不可替代的优势。现存最早的明代无梁殿是明初营建的南京灵谷寺正殿。万历时期是明代无梁殿的营造高峰期，在各地佛寺中出现了大批无梁殿建筑，典型者如五台山显通寺无梁殿(图35)、太原永祚寺无梁殿、句容隆昌寺无梁殿、苏州开元寺无梁殿等。此外如北京皇史宬、天坛斋宫内也均有无梁殿建筑。

本时期的佛塔在北方已全面转向砖石结构，南方尚保留有砖木混合做法。明初的南京报恩寺琉璃塔是中国历史上最宏大壮丽的砖制佛塔。塔为九层，高102米，通体装饰琉璃，可惜毁于太平天国战乱。现存最华丽的琉璃塔当属洪洞县广胜寺飞虹塔。该塔整体造型为砖仿木楼阁形式，塔体为八角形，共13层，总高47米，通体装饰着龙凤、神佛、菩萨、力士等。(图36)

32

| 33 | 34 | 35 |

32. 浑源县永安寺传法正宗殿构架
33. 洪洞广胜下寺后大殿梁架
34. 北京智化寺如来殿
35. 五台山显通寺无梁殿

二、藏传佛教寺院

元明时期的藏传佛教教派众多,营建繁盛。佛教建筑依据地区不同,可分为藏式、汉式与混合式三种形式。藏式佛寺普遍面积广大,佛殿或经堂等主要建筑多采用自由式布局,没有明确的组群与轴线关系,典型者如甘丹寺、哲蚌、扎什伦布寺等。(图37)建筑形式上多为源自藏区碉房的堡垒式,局部则吸收了汉式建筑的歇山顶等样式。汉式佛寺多见于内地,以青海乐都区瞿昙寺最为典型。(图38)这类寺院的格局遵循汉地传统的中轴对称合院布局,仅在内部设施上有所变换,以体现教派信仰的不同。混合式则多见于蒙古地区,一般以汉地佛寺的格局为基础,在中轴线后部布置藏式的大经堂。典型者如呼和浩特的大召、小召、席力图召等。(图39)

清代为绥抚蒙藏,早在后金时期就开始尊奉藏传佛教,至入关后更是全力推崇。本时期藏区最重要的佛教建筑是具有政教合一性质的布达拉宫。布达拉宫是藏传佛教格鲁派的核心寺庙,也是达赖喇嘛的宫室,主要分为红宫、白宫、护法神殿等部分。布达拉宫自清顺治二年(1645年)创建,至1933年方才形成现有的格局。建筑采用藏族传统的碉房形式,形如一座坚固的堡垒。(图40)此外如大昭寺、拉卜楞寺等均创建于清代。创修于明代的青海塔尔寺在清代也获得了极大的发展。此类佛寺往往占地数百亩,拥有房屋数千乃至上万间,僧侣数千人,寺内道路纵横,俨然一座小型集镇,规模与人数都是同时期汉传佛教寺院望尘莫及的。

除藏区外,在蒙古与内地,清朝统治者同样大力兴修藏传佛寺。如包头五当召、百灵庙等,一般多为混合式布局。此外清代前期还将五台山上的大批汉传佛寺改为藏传,在北京城内也修建了一批藏传寺院,如西黄寺、雍和宫等。在承德还兴修了大量与园林结合的佛寺,最重要的有模仿布达拉宫而建的普陀宗乘之庙、内部供奉着世界最高木制佛像的普宁寺等。(见章前页图4)

三、道教与伊斯兰教建筑

道教在元代得到了一定程度的发展,全真派和正一派是当时最重要的两个宗派。明初对道教有所抑制,但永乐初期在武当山大兴土木,使得道教盛极一时。至清代后,由于始终受到统治者的贬抑,道教日趋世

36. 洪洞广胜寺飞虹塔
37. 日喀则扎什伦布寺
38. 青海乐都瞿昙寺隆国殿
39. 呼和浩特大召寺经堂
40. 布达拉宫

俗化，少有大规模建筑出现。

元代道教建筑以山西芮城永乐宫最为典型。无极门是元代永乐宫的正门，为五开间单檐庑殿顶建筑，入内是永乐宫的正殿三清殿，殿身面阔七间，单檐庑殿顶。（图41）内部塑像已毁，但四壁保留有极其精美的"朝元图"壁画，是我国绘画艺术的精品。此外殿内还有做工精致的木质藻井与元代风格的建筑彩画。三清殿后还有纯阳殿与重阳殿，都是五开间单檐歇山顶建筑。殿内分别有表现吕洞宾和王重阳生平神迹的壁画。这几座建筑，无论是大木做法还是细部装饰，均规整细致，精美异常，与同时期粗鄙简陋、手法怪异的民间建筑形成了鲜明对比。永乐宫更多地继承了宋代以来的官式做法，体现出了明显的官方敕建特征，由此也成为元代建筑的佼佼者。

明代道教建筑首推武当山建筑群。永乐时期建成宫观33处，但经岁月侵蚀，目前仅有紫霄宫与天柱峰建筑群保存得较好。紫霄宫正殿面阔五间，重檐歇山，高居重台之上，气势巍峨。（图42）天柱峰是武当山的主峰，环绕峰顶构筑了一道周长1.5千米的石墙，墙内称为紫禁城。最高处是永乐时期铸造的内有真武造像的铜殿。这座建筑群象征着真武大帝的住处，选址于云雾缭绕的顶峰，掩映在山林之间，宗教气氛营造得极为成功。（图43）

伊斯兰教早在唐代已传入我国，广州怀圣寺光塔是现存最早的伊斯兰教遗构。在元明时期，伊斯兰教建筑逐步形成了维吾尔族与回族两大体系。维吾尔族体系以礼拜寺和玛札（陵墓）为核心，以院落布局为主，但不追求中轴对称。建筑造型以方底穹顶和平顶为主，体现了与中亚文化的交流特征。典型者如喀什市的阿巴和加玛札、艾提卡尔清真寺等。（图44）回族体系则以汉式中轴对称的合院布局为基础，在内部加入宣礼塔、礼拜殿等伊斯兰教特有元素而形成。典型者如西安化觉巷清真寺（图45）、北京牛街清真寺等。整体布局为多进院落格局，常用亭阁建筑作为宣礼塔的造型，院落最后一般设置有礼拜殿。为容纳众多信徒，礼拜殿常将多个屋盖衔接，成功地营造出了广大的室内空间。这是回族伊斯兰教建筑重要的创新之处。

42 | 41
43
44
45

41. 芮城永乐宫三清殿
42. 武当山紫霄宫
43. 武当山天柱峰
44. 喀什艾提卡尔清真寺
45. 西安化觉巷清真寺

案例解析 中国早期伊斯兰教建筑

        现存明代以前的伊斯兰教建筑遗存很少，以广州怀圣寺光塔、泉州清净寺与杭州真教寺最为典型。广州怀圣寺光塔是国内现存最早的伊斯兰教建筑，约建于唐宋之际。（图46）清净寺是元至大三年（1310年）由波斯设计师完成的。主体为石结构，采用了10世纪中亚地区流行的穹窿顶做法。（图47）真教寺现存三座穹窿顶的礼拜殿，据文献记载，建于元代，由西域传教士阿老丁设计，采用了11世纪波斯与中亚流行的穹顶做法。此外，故宫武英殿旁的浴德堂小浴室也是一座元代伊斯兰教遗构。这些穹顶建筑是元代外域穹顶技术引入的实证，它们也为明代砖拱券技术的大发展奠定了基础。

46 | 47

46. 广州怀圣寺光塔
47. 泉州清净寺穹顶

第四节 住宅与园林

本时期住宅的样式日趋规范化,但很多具有乡土特色的居住建筑也应运而生。清代帝王广建苑囿,将皇家园林的建设推向了顶峰。以江南园林为代表的私家园林也在明清之际得到了长足发展。

一、居住建筑

元代立国不足百年,各类典章对于住宅制度的规定也较为粗略。大都初建时期,允许一般民众在八分地内建宅,贵戚豪富最多可占地八亩,所以元代的居住建筑普遍尺度较大。如北京后英房胡同的元代住宅遗址,就是一处大型院落。(图48)

明代自洪武时期就开始制定严密的住宅制度,以约束臣民,彰显皇权与等级差异。曲阜孔府是一处典型的明代官员宅邸。宅院整体为合院格局,外设大门、二门,内有三进厅堂,最后为内宅。这种重门重堂的格局应为当时明代北方官宅的通行做法。宅内的单体建筑明显受到了相关典章制度的约束,大门不过三间,正厅不过五间,均为单檐悬山顶。山西襄汾县丁村内现存明代民居多处,以万历二十一年(1593年)和万历四十年(1612年)所建的两处院落最为完整与典型。二者均为四合院格局,正房、倒座均为单层三开间,规制完全符合官方要求。(图49)

清代大体延续了明代的相关制度,但随着经济的发展,封建制度日益衰落,各类装饰华丽、工艺精巧的住宅不断涌现,呈现出百花齐放的局面,并往往突破等级制度的桎梏。北京四合院住宅由于地处天子脚下,明显受到典章制度的约束,至清代逐步形成了一套非常完备的规制与技术做法。此时的四合院一般取南北向格局,大门开于东南角,按照等级不同可设置不同的进数,最常见的是三至四进。一般庶民的房屋均不过三间五架,但高官贵戚可多至五间以上。(图50)同时王府还可以在中轴线上设立大门,采用歇山顶等高等级形式,形成彰显权威的殿堂式格局。晋中地区是晋商的主要聚集地,此处的商人住宅往往突破规制,装饰奢华富丽,极富炫耀色彩。如祁县乔家大院,同为合院模式,其正房多为五间,大门还有外观三间、实则五间做法。细部装饰大量使用重拱,遍布金饰彩画与繁密木雕,工艺之精美让人叹为观止。(图51)

江南地区的厅堂式合院建筑多与园林结合,也颇具特色。闽赣等地由客家移民修造的堡垒式土楼也是极富地方色彩的民居建筑。潮汕地区中西合璧的碉楼建筑也堪称独树一帜。(图52)

二、元明皇家苑囿

元代皇家苑囿中最重要的是宫城西侧的太液池,又称西苑。西苑源于金中都苑囿,苑内以太液池为主体,有琼华岛、圆坻、犀山台三座小岛,象征着海上三仙山。琼华岛上部地形起伏,密布建筑与玲珑山石。岛

48
49
50
51

48. 北京后英房元代住宅遗址复原图
49. 建于万历四十年的丁村民居
50. 北京四合院
51. 祁县乔家大院贴金重拱

上建筑在元初重建，以广寒殿为核心，环绕诸多小型殿宇，元代统治者在夏季常来此处避暑。西苑整体规模不大，但建设精巧，环境优美，其中琼华岛区域立于万岁山上（琼华岛主峰，元代效仿艮岳，亦命名为万岁山），身侧城阙巍峨，金碧辉煌。环视则烟波浩渺，树木苍茫，颇有超凡出世的感觉，由此也体现了广寒殿命名的意蕴所在。

明代早期力求俭省，对苑囿营建控制很严。洪武时期始终未曾营建苑囿，到明代中期后，各类营建才逐步开始，但规模也很有限。嘉靖时期，西苑太液池一方面向南拓展，一方面以琼华岛为中心，在沿岸修建了一批殿宇，与广寒殿建筑群形成了出色的对景关系。至此，形成了西苑内南北纵向的一池三山形式，由此也奠定了清代北海、中海、南海三海并列的格局。（图53）除西苑外，明代皇家园林还包括位于皇城东南角的东苑，此处主要供皇帝休憩游艺，苑内除常规的宫室建筑外，还有部分形态质朴、形如农舍的建筑，体现了对田园雅趣的追求。此外宫城北向的万岁山（即清代景山）、钦安殿周围的御花园都是规模较小的园林建筑。（图54）南苑位于北京城南10000米处，是明代皇家猎场，早期常有射猎活动，至明代中期后逐步废弃。

三、清代皇家苑囿

清代皇家苑囿的营造规模极其庞大。清代帝后每年居于紫禁城内的时间颇为有限，大量时段均在各类园林和行宫之内起居议政，这使得苑囿成为皇家建筑营造的主要内容。此外，源于游牧习俗的巡狩制度和绥抚蒙藏的政治需求相结合，形成了以避暑山庄为代表的行宫体系。清初顺治、康熙时期，初步整修了西苑，在琼华岛上兴建了白塔与永安寺，在南海增建了勤政殿、瀛台等建筑，这里也成为康熙日常处理朝政的场所。随后在乾隆时期又大兴土木，建设了西天梵境、阐福寺等十余处宗教祭祀建筑，使西苑逐步成为一个具有浓郁宗教色彩的场所。（图55）

自清初至乾隆时期，清代统治者在京郊的西山区域陆续修建了大批行宫御苑，造就了一个庞大的园林集群。其中最为宏大壮美的有五座——畅春园、圆明园、静宜园、静明园、清漪园。畅春园建于康熙时期，以明代贵戚的私园为基础，今已彻底废弃。圆明园是雍正作为皇子时的私园，至乾隆时期广加扩建，形成了长春、绮春、圆明三园的综合体，统称圆明园。园内有著名景点40处。在园北部还建有一批富有巴洛克风格的建筑群，称为西洋楼。圆明园总面积达350万平方米，可谓名副其实的万园之园。1860年，圆明园毁于英法联军劫掠，现仅存部分残迹。静宜园位于北京西北的香山地区，是一座富有山林野趣的山地园林。在乾隆十一年（1746年）的极盛时期，曾设有28景。经1860年与1900年两次外敌劫掠，目前仅存见心斋与昭庙建筑群。（图56）静明园位于玉泉山地区，计有景点16处，亦毁于英法联军之手。清漪园即今颐和园，占地295万平方米，园内以水面为主，是清代水域面积最大的皇家园林，整体规划模仿杭州西湖，同时加入了传统的一池三山做法。宫室建筑集中于东南部，正殿为勤政殿。景观建筑集中于北岸的万寿山区域，前山地

区有佛香阁、排云殿等建筑,占据了园内的核心位置。(图57)后山主要为须弥灵境庙,是一座藏传佛寺。此外还在各处设置了不少小巧精致的园中园,其中建于乾隆时期,仿无锡寄畅园的谐趣园,堪称北方地区少有的精致之作。

承德避暑山庄是清代最大的离宫苑囿,主体形成于康乾时期,总面积560万平方米,极盛时期设置有36景。整体建于山峦起伏的丘陵地区,富于山林野趣。园内可分为宫殿区、湖沼区、平原区、山峦区四大部分。宫殿区位于南侧的平原地带,以澹泊敬诚殿为核心,整体面积不大。(见章前页图5)宫殿区北侧是湖沼区,由八个互相串联的湖泊构成,内部多设有摹自江南园林的景点。如文园狮子林仿苏州狮子林、沧浪屿仿苏州沧浪亭等。平原区位于湖沼区以北,多用于集会宴饮,接见外宾。西侧为山峦区,占据了山庄的主要面积,建筑稀疏,多与天然景观紧密结合,在最大限度上保留了自然风光。(图58)

四、明清私家园林

元代私家园林从目前有限的资料看,大体继承了宋代以来士大夫园林的精神气质,将园林作为人格与理想的寄托。明代私园以江南地区最为兴盛,北京次之。此时的园林与前期相比,已不再为中上层官僚所专享,一般的士庶也开始普遍营造使用。园内的人造景观比前期明显增多,由此也显示了造园理论及实践的日益丰富与成熟。相关著作以造园大师计成及其名著《园冶》最具代表性,此外如《素园石谱》等也别具特色。

明代私家园林已无实例存世,但通过各类园记,如祁彪佳的《寓山注》等,尚可有所了解。本时期园林景观的人工痕迹较重,与宋代自然疏朗的做法已有明显的区别。

清代自平定三藩之乱后,百余年间社会安定,经济繁荣,私家园林得到长足发展,不仅在数量上明显超越了明代,而且还形成了北方、江南、岭南三大园林体系。北方私家园林以北京为代表,园内受限于材料,较少使用玲珑剔透的湖石砌筑假山和驳岸,多以土堆山丘代替。园内建筑造型以北方四合院建筑为基础,较为浑厚敦实。色彩上多用青、绿、红诸色,效果艳丽,与素雅的江南园林迥然不同。恭王府花园、摄政王

55. 北海远眺图
56. 香山琉璃塔
57. 颐和园佛香阁
58. 避暑山庄风光

59 | 60
61
62

59. 恭王府花园

60. 网师园

61. 拙政园与谁同坐轩和三十六鸳鸯馆

62. 东莞可园

府花园是这类园林的典型代表。(图59)此外北京地区还能看到一些模仿江南风格而建的私园,如可园、半亩园等。半亩园初建于明代,名士李渔曾参与设计,现存叠山就出自李渔之手。园内布局与苏州狮子林类似,水面、叠石较多,与普通北方园林区别明显。

江南园林是清代私家园林的核心。此类园林普遍面积不大,多在数亩之间。受限于环境,内部景观多以描摹自然为主,即所谓"一拳代山,一勺代水"(《一家言》),以小见大,景色以体味意蕴为主,直观感受为辅,叠石理水是其精妙所在。此类园林可以苏州网师园为代表。网师园的面积仅五千多平方米,是附属于住宅的宅园。园内以水域为核心,池岸低矮,叠石以精取胜,注重大块面效果的营造,通过水域和环绕其间的轩、馆、楼、阁等建筑的相互配合,成功地营造出了旷奥自如、烟波浩渺的山水风光。(图60)拙政园是江南园林中少见的大规模园林。园内分为三个部分,利用较为广阔的地域,人工堆积山丘,形成了山水兼备的自然风光。园内建筑疏密得当,除环绕水域的造景外,还有围和小院,可谓自成天地。(图61)

岭南园林在整体上比较接近江南园林,但较为规整,多以合院格局出现,普遍面积窄小。园内多为观赏性假山,而少有可供登高观景之处。受限于面积,水域的尺度与灵活程度也较为逊色。到清代中晚期,受外来文化的影响,部分园内还出现了西洋式的建筑与做法。(图62)

案例解析 圆明园西洋楼建筑群

西洋楼景区位于圆明园内长春园北侧，东西长 800 米，南北深 70 米。乾隆本人对从西方引入的喷泉技术（中国称为水法）和欧式建筑感觉十分新奇，于是在乾隆十年（1745 年），命西方传教士建设喷泉景观和西式建筑。建成后主要包括谐奇趣、海晏堂、远瀛观、方外观等建筑，以及大水法、海晏堂水法、谐奇趣水法等喷泉。建筑均采用 18 世纪欧洲流行的巴洛克风格，以砖石结构为主，多用汉白玉外墙，墙上镶嵌各色琉璃砖。细部做法也均为欧式手法，但很多装饰纹样则依旧保持了浓郁的中式特征。建筑屋顶多为琉璃瓦坡顶，均采用直檐口，不起翘也不出挑。植物配置模仿欧洲的人工修剪手法，形成了整齐划一的格局。这座景区是欧式建筑引入中国的最初尝试，具有浓厚的实验与游艺性质。（图 63）（图 64）

63
64

63. 圆明园西洋楼遗迹
64. 圆明园远瀛观铜版画

第五节 建筑艺术与技术

本时期建筑艺术与技术的发展直接受到了王朝更替的影响。在经历了元代的纷乱与动荡后，建筑艺术与技术在明代趋于规整与素雅，并在中国封建社会最后的辉煌时期——康乾盛世达到了一个新的高峰。

一、建筑艺术

元代建筑在单体与群体造型艺术上基本仍秉持了传统的造型比例与空间组合模式。视觉效果上，最突出的变化是彩画装饰色调与样式的变化。宋代彩画以暖色调为高等级，元代之后的建筑彩画逐步趋向于以冷色调为主，形成了以青绿为主的格局。除色彩转变外，彩画的构图与样式也发生了明显变化。早期以如意头为主的形象演化为"旋花"的形式，到明代正式形成了"旋子彩画"的样式，如北京智化寺内的明代彩画。(图65)清代初期，在广泛使用旋子彩画的同时，又出现了专用于高等级皇家建筑的"和玺彩画"和多用于园林建筑的"苏式彩画"。此外在江南地区还保留着富于地方色彩的彩画做法，色彩富丽素雅，偏于暖色，与北方风格迥异，依稀可见宋代彩画的影响。(图66)

与宋代建筑通体遍施彩画的做法不同，明清时期彩画的施用范围逐步缩小，一般只用于梁、枋、额及斗拱，柱身与槅扇均改用单色油饰，高等级的多用朱红色，低等级的则用黑、褐、绿色。本时期由于结构技术的进步，斗拱的结构作用日趋减弱，这使得斗拱逐步由结构构件转为了装饰构件。斗拱的体积日益缩小，建筑每开间内的斗拱数不断增加，各类富有装饰性的艺术化斗拱也大量出现。这些斗拱与檐部彩画相互配合，形成了一条明清建筑特有的、位于屋身中部的华丽装饰带。(图67)

元明时期各类建筑开始普遍使用琉璃装饰。除传统的屋面、脊饰外，还出现了大面积的琉璃影壁、琉璃镶嵌建筑等，如大同代王府门前的九龙壁、广胜寺飞虹塔、五台山狮子窝琉璃塔等。

65
66 | 67

65. 北京智化寺明代旋子彩画
66. 苏州忠王府彩画
67. 清代斗拱的装饰效果

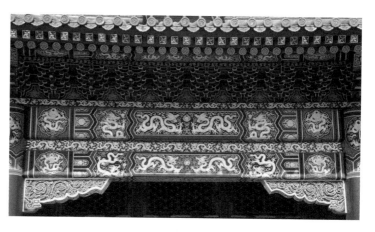

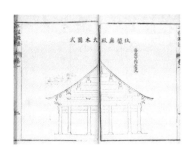

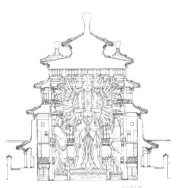

清代建筑装饰手段较前期更为丰富,除彩画、琉璃外,各类木、瓦、石雕饰日益发达,此外还将工艺美术中的诸多手段引入建筑装饰,特别是室内装饰中,出现了诸如灰塑、镶嵌、螺钿、景泰蓝等工艺。(图68)

二、建筑技术与文献

在经历了元代的混乱期后,明代建筑技术呈现了全面规范化的特征,早期的减柱、移柱等做法基本不再出现。清代木结构建筑在继承明代规范化、紧凑化的基础上,大木作的柱网布局更加整齐划一,梁柱结合日趋紧密。自明代以后,由于大型木料日益匮乏,拼合小材为大材的做法得到了广泛运用。拼合梁柱的做法,突破了天然木料的长度限制,形成了名为"通柱造"的多层框架体系,使清代建筑,特别是多层楼阁建筑在外部体量与室内空间上都取得了明显的进步。如承德普宁寺大乘阁,内部的通柱高达25米,直接贯通楼阁整体,在结构合理性与稳固性上较早期做法有了明显的提高。(图69)此外如颐和园佛香阁、雍和宫万福阁等均采用了类似的做法。同时拼接梁枋的做法也使木结构的跨度明显增加,大大拓展了室内空间。如北海小西天观音殿,梁枋的跨度达到近十四米。(图70)

本时期的建筑文献留存至今的非常稀少。薛景石的《梓人遗制》是元代最重要的建筑文献,依据营造学社的重刊本及《永乐大典》内的相关内容可以看到,该著作全面叙述总结了元代初期的建筑技术与生产工具制作工艺,但目前留存至今的仅有部分小木作及工具制作内容。

《工部工程做法》是继《营造法式》后,又一部重要的官方营建规范。该书编成于清雍正时期,比较全面地反映了清代初期的宫廷建筑做法与装饰技艺,是了解清代建筑营建规范的核心性文献。该书的编制目的与《营造法式》类似,都是以工程管理、预算控制为核心。内容涵盖了官式建筑中主要的类型与技术门类,是对自宋末以来工程管理与建筑技术的一次全面总结,有效弥补了历代战乱导致的混乱和疏漏。除《工部工程做法》之外,目前尚有不少各类清代匠作则例存世,与各类园林与陵寝工程相关的居多。此类文献是《工部工程做法》的重要补充。著名学者梁思成先生就曾辑录此类文献,并加以归纳总结,形成了《清式营造则例》《营造算例》等重要研究成果。(图71)(图72)

68	71	72
69		
70		

68. 广东灰塑
69. 承德普宁寺大乘阁纵剖图
70. 北海公园小西天观音殿
71. 《工部工程做法》内文
72. 《工部工程做法》配图

案例解析 样式雷与清代设计制度

清代官方的建筑工程分别由内务府与工部承担。内务府主要负责皇家宫室、苑囿与陵寝的营造，其余多由工部负责。自乾隆时期开始，内务府设立了样式房与销算房，分别负责图纸设计和工料预算。以清初名匠雷发达为起始，雷氏子孙执掌样式房达二百余年，清宫的各类营缮活动大都出自雷氏之手，所以雷氏也得名"样式雷"。从目前存世的样式雷图档中可以看到，当时的建筑设计已经有了完善的比例尺与制图规范。此外为追求生动逼真，往往还要制作名为"烫样"的缩比模型供内廷审查。销算房方面也是子承父业，能人辈出。著名的有算房刘、算房梁、算房高等。（图 73）（图 74）

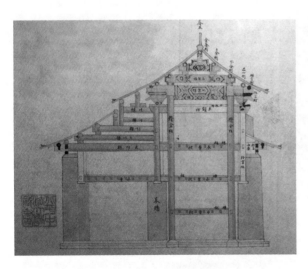

73 | 74

73. "样式雷"图档
74. "样式雷"烫样

第五章
近现代时期的建筑

以1840年鸦片战争为起始，近代中国的社会发展出现了明显的二元化倾向。列强的殖民侵略活动在危害中国主权与领土完整、掠夺剥削广大民众的同时，客观上也为少数开埠城市带来了西方近代的建筑观念与技术，一批近代化的城市街区与建筑应运而生，由此还催生了一大批本土的近代建筑设计机构与建筑师，使他们在吸收外来风格与技术、继承与发扬民族传统等方面进行了卓有成效的探索。但在其他区域，尤其是人口占全国绝大多数的农村地区，依旧延续着长久以来的传统建筑观念与技术。在整个近代时期，中国始终未能在全国范围内建构起符合近代化标准的城市与建筑体系。

1949年中华人民共和国成立后至1978年改革开放前，在计划经济体制的主导下，以高积累低消费为特征，中国初步走完了西方国家历时数百年方得以完成的工业化之路，为后30年的高速发展打下了坚实基础。在此期间，建筑与城市发展在延续早期传统的基础上也出现了很多变化，其中对苏联经验的学习、对民族形式与国际式的争论，以及各类运动是本阶段建筑创作领域最为突出的历史现象，由此也为我们留下了很多值得总结和回味的经验与教训。1978年后，中国建筑发展走向了一个全新时期。在改革开放的大背景下，域外建筑文化与技术汹涌而至，其在对建筑市场及设计体制产生巨大冲击的同时，也极大促进了本土建筑业的发展。至21世纪前后，随着经济的高速发展，中国大陆已成为全球最繁荣的建筑市场之一。在域外建筑师大显身手的同时，本土建筑师也日益成熟，开始了新一轮对本土精神的求索。在港澳台地区，多样化的政治文化环境也造就了与众不同的建筑发展格局。

第一节 近代城市建设与建筑转型

中国近代的城市建设在外来殖民者与本土工商业者的共同推动下，呈现出了多样化发展的特征。与城市发展相适应，建筑类型与技术、教育体系与营建制度也具有了明显的近代化特征。

一、多元化的城市转型

中国近代城市依据转型的动因与性质，大致可分为主体开埠城市、局部开埠城市、交通枢纽城市、工矿业城市四大类。

主体开埠城市是指城区主要部分均为开埠范围的城市，又可分为多国租界城市如上海、天津、汉口等，或租借地、附属地城市，如青岛、大连、哈尔滨等。（图1）上海是近代中国的第一大都市，自1842年列为五口通商口岸后，陆续有列强在县城周边开辟租界，到1915年，租界总面积达到46平方千米，大大超过了旧有县城的面积。（图2）随着租界的扩展，资本主义列强利用在华特权对上海进行了广泛的经济掠夺与建设活动，客观上也带动了上海的城市发展。到20世纪前期，上海已成为集工、商、外贸、金融、航运于一体的远东第一大国际都市。（图3）在城市规划与基础设施建设上，上海持续引进了具有世界先进水平的手段与设备，在建筑类型与质量上也达到了国际一流水准。但半封建半殖民地特征导致的城市发展不均衡问题，始终没有得到解决。租界内往往规划有序，设施齐全，但各租界间缺乏统筹，路网及公共设施建设均各自为政，互不相通，造成了很大的资源浪费与不便。同时旧城区在租界的挤压下，日益破败落寞，各项设施也大多远落后于时代。

局部开埠城市是指以旧城为主，局部划有小范围租界居留地、通商区的城市，如济南、沈阳、重庆、福州等。此类城市多为新旧城区并列的格局，如济南在1904年于城西划定商埠区，区内采用近代规划手段，形成了网格状道路，各类近代化设施也逐步出现，最终形成了一个新城区。交通枢纽类城市主要依托铁路建设而来，如郑州、石家庄、蚌埠等。工矿业城市很少独立设置，一般是由工业中心与近代城市相结合形成的复合型工商业中心，如南通、无锡等。（图4）

1 |
--- |
3 | 2

1. 哈尔滨圣索菲亚教堂
2. 上海租界范围示意图
3. 太平洋战争前的上海外滩

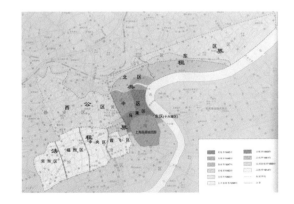

二、建筑类型与技术

中国近代建筑大致可分为居住建筑、公共建筑、工业建筑三大类。最早出现的近代居住建筑是花园洋房式的独栋住宅。此类住宅在1900年前后随着大量外国移民的涌入而出现，国内的官僚与资本家很快就接受了这种住宅及与之相对应的近代化生活模式，在上海、南京、天津等大城市开始了广泛的营建活动。（见章前页图1）1930年以后，受到国外现代主义建筑运动的影响，国内还出现了一批采用混凝土结构、配备现代化设施的新型独栋住宅。与此同时，在上海等发达都市，出现了一批适应高收入阶层需求的多层与高层公寓。这些公寓普遍采用钢混框架或钢框架结构，内部配有暖气、煤气、热水等设备，垂直交通依靠电梯，具有较高的近代化水平。（图5）

本土形式住宅的发展以源于上海的里弄住宅最为典型。外国营造商在19世纪50年代引入欧洲联排住宅的做法，并吸收传统三合院的格局，营建了一大批以砖木结构为主体的新式住宅。（图6）此后里弄住宅开始分化，一部分向普及廉价型发展，另一部分则趋于高档，开始向花园洋房靠拢。

近代公共建筑大致可分为行政建筑、商业金融建筑、科教文卫建筑、交通建筑等几大类。早期的行政建筑多模仿欧洲古典主义或折衷主义风格，如清末的陆军部、邮传部等。后期随着传统复兴风潮的兴起，各类加入传统建筑元素的设计不断涌现。商业金融建筑是吸收外国先进技术最早、最迅速，成就也最突出的类型。以银行业和综合商厦为代表的近代商业建筑，造型早期多以古典主义、折衷主义或传统复兴形式出现，如上海汇丰银行（图7）、沙逊大厦、上海中国银行等。后期逐渐出现了一些具有现代主义风格的作品，如上海国际饭店等。此类建筑代表了当时最高的艺术与技术水准，在体现流行风尚的同时，也积极引入了各类先进设备与技术。

工业建筑早期仍沿用传统木结构技术，但很快就转用砖木混合结构。19世纪末出现了钢结构的大跨度单层厂房，20世纪初，以杨树浦发电厂为代表，出现了一大批钢框架或钢混结构的多层厂房。

4
—
5
—
6
|
7

4. 南通大生纱厂
5. 上海百老汇大厦
6. 上海石库门住宅
7. 上海汇丰银行大楼

三、营建制度与设计、教育体系

近代中国的营建制度是与商业化的房地产开发密切相关的。19世纪中叶的上海人口剧增,地价暴涨,于是各洋行纷纷设立地产经营机构牟利,随后各类华商也积极参与。

此时期,建筑管理制度也逐步得到确立。1854年上海租界内成立了市政管理机构工部局,华界也成立了类似机构工务局,1914年北京成立了市政公所。随后这类机构开始陆续颁布各种土地与建筑法规,到1938年,南京国民政府颁布了全国性的《建筑法》,正式确立了建筑法制管理的基础。

近代建筑的营造早期都由外商承包,直到1863年才开始有中国人承包项目。1880年上海工匠杨斯盛创立了上海近代史上第一家本土营造厂,并于1883年独立完成了当时全国规模最大、式样最新的西式建筑——第二期江海关大楼。(图8)此后本土营造商的队伍不断壮大,到了20世纪30年代,重要高层建筑的营造商已是清一色的本土营造厂。这表明中国厂商在很短的时间内就掌握了近现代建筑技术,全面占领了上海市场。

中国本土化的建筑教育与设计机构主要由归国的欧美与日本留学生建立。这些留学生普遍天资聪颖,勤奋好学。如杨廷宝(图9)、童寯(图10)、陈植、虞炳烈等均在留学期间获得过各类高等级设计奖项乃至建筑师认证。到20世纪20年代末,国内已开始普遍开展土木工程营建类的教育,建筑设计学科开设较晚,1923年首先在苏州工业专门学校内设立。随后中央大学、东北工业大学、北平艺术学院也陆续开设了建筑学专业,到20世纪40年代,又有清华大学、北京大学、圣约翰大学等十余所院校加入开设的行列。设计市场在1920年前主要为各类洋行所把持,最著名的有公和洋行和邬达克洋行。至20世纪20年代初,本土设计机构开始陆续出现,以杨廷宝为设计负责人的基泰工程公司和赵深、陈植、童寯三人合组的华盖建筑事务所是其中的佼佼者。

8. 上海第二期江海关大楼

9. 青年杨廷宝

10. 童寯

中国营造学社是近代中国最重要的建筑学术研究团体。1929 年在北平成立，朱启钤任社长。梁思成、刘敦桢分别担任过法式部与文献部主任。全盛时期社内工作人员有 20 余人，主要包括林徽因、刘致平、陈明达、莫宗江、罗哲文、单士元等人。抗战开始后迁往昆明与四川，1946 年停办。学社虽仅存在了 17 年，但各位学人以保护、传承民族文化为己任，考察了大量古代建筑，收集、整理、重刊了一批古代建筑文献，出版了七卷 23 期《营造学社汇刊》，为中国传统建筑的研究与保护做出了开创性的贡献。同时也通过此类实践活动，为建筑史学研究领域培养了一批后继人才。（图 11）（图 12）（图 13）

11	
13	12

11. 朱启钤
12. 梁思成与林徽因
13. 刘敦桢

第二节 折衷主义与现代式建筑的引入

近代中国的建筑风格错综复杂,域外各类流行风尚不断被引入,其中以折衷主义与现代式建筑的影响最为广泛。此外,受新艺术运动的影响,还出现了小规模的建筑实践活动。

一、外廊式与折衷主义风格的引入

外廊式建筑起源于印度与东南亚,是殖民者将欧洲古典主义建筑形式与当地气候条件相结合的产物。建筑风格在保持古典主义外观的同时,于主体外侧建有便于遮阳避雨的外廊。1840年鸦片战争后,首先来到中国的殖民者多来自上述地区,所以此种建筑风格被引入。其在国内流行的时间段主要集中在1860~1900年间,如北京陆军部(图14)、台湾高雄英国领事馆、北京东交民巷英国使馆武官楼等都是这种风格的建筑。

折衷主义是欧美19世纪下半叶建筑风格的主流,对中国近代建筑有着显著的影响。西方的折衷主义大致分为两种,一种是根据建筑类型采用不同的时代风格,如古典主义常用于银行,例如上海华俄道胜银行。教堂一般多为哥特式,如上海徐家汇天主堂。(图15)另一种是同一建筑上混用不同时代的风格样式。如天津劝业场,混用了文艺复兴、古典主义等多种风格元素。(图16)天津华俄道胜银行则混用了文艺复兴、罗马风以及巴洛克等多种风格。

进入20世纪20年代后,西方已开始进入现代主义建筑时期,但此时折衷主义建筑风格在中国正处于鼎盛时期。这种错位在一定程度上延缓了中国现代建筑的发展,但折衷主义成熟的构图与比例关系、精致的细部推敲使此时期的建筑作品依旧保持了很高的艺术水准,诞生的诸如上海海关大厦(1927年)、天津邮电总局、汉口亚细亚大厦、开滦矿务局大楼(图17)等一大批优秀作品,都是近代建筑文化遗产不可或缺的部分。

14		
15	16	17

14. 清陆军部外廊式建筑
15. 上海徐家汇天主堂
16. 天津劝业场
17. 原开滦矿务局大楼内景

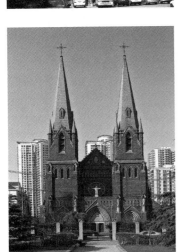

18. 哈尔滨马迭尔宾馆南转角
19. 上海沙逊大厦
20. 上海大光明影院
21. 上海吴同文宅

二、新建筑与现代式建筑的引入

19世纪末兴起的新艺术运动是对现代主义建筑的重要探索。这场运动在欧美产生广泛影响的同时，也通过殖民活动被带入了中国。哈尔滨作为中东铁路的核心枢纽，自19世纪末开始进行大规模的城市建设活动。早期的建筑大都由位于沙俄圣彼得堡的设计部门直接完成，建筑风格普遍采用了当时最为前卫新颖的新艺术运动风格。如哈尔滨火车站、中东铁路管理局大楼、道里秋林公司、马迭尔宾馆等均是此种风格。（图18）

1925年巴黎万国博览会上"装饰艺术"风格大放异彩。这种被称为"Art Deco"的建筑风格首先由各洋行引入中国，如公和洋行于20世纪20年代完成的沙逊大厦，虽然还留有古典主义三段式的痕迹，但其简洁的线条与底层的装饰图案已具有明显的装饰艺术风格。（图19）此后由英商洋行在20世纪30年代完成的百老汇大厦，邬达克设计的国际饭店、大光明影院等在体现装饰艺术风格的同时，现代主义的意味愈发浓厚，尤其是大光明影院的板片交叉配以大面积玻璃的造型已非常接近现代主义的"国际式"风格。（图20）1930年以后，国内陆续出现了一批颇为地道的国际式建筑。如邬达克（Ladislav Hudec）设计的吴同文住宅（图21）、法商设计的上海毕卡第公寓、天津利华大楼等。这些建筑实践标志着中国现代主义建筑的正式出现。除前述各开埠城市的建筑实践外，20世纪30年代后在东北的日本占领区内也出现了一批现代主义风格的建筑，它们成为中国内地的第二个现代主义思潮的来源。此类建筑具有明显的功能主义倾向，造型简洁，多用土黄色面砖装饰，风格自成一体。如大连火车站，建于1935~1937年，总面积达14000平方米，功能合理，空间紧凑，是当时很先进的设计。

三、中国建筑师的设计实践

近代中国建筑设计师多源出欧美,回国创业后,依旧能紧跟时尚潮流。20世纪30年代国内建筑界以芝加哥博览会为契机,全面引入、介绍了现代主义建筑。但当时的设计师普遍把国际式风格看作折衷主义的一个新样式,并将其与古典主义、中国传统风格并列。各类院校的教育中也常将三者并列为设计训练的课题。同时设计界也不严格区分装饰艺术风格与国际式风格,在设计作品中常混合使用,并将其统称为"现代式"。

童寯主持的华盖建筑事务所是近代中国设计界最具有现代主义倾向的设计机构。1936年上海举办了首届中国建筑展览会,华盖送展的作品均为现代式风格。童寯的设计思想明显受到了美国建筑大师路易斯·沙利文(Louis Sullivan)"形式追随功能"的功能主义理论影响,体现了明显的现代主义特征。浙江第一商业银行上海分行、恒利银行、西藏路公寓、上海浙江兴业银行等均是这种思想指导下的产物。(图22)

除华盖建筑事务所外,国内建筑界在20世纪30年代还完成了大量的现代式建筑作品。较重要的有启明建筑事务所的虹桥疗养院(图23)、杨锡镠设计的上海百乐门舞厅(图24)、范文照设计的美琪大戏院等。值得注意的是,此时专注于传统建筑发掘整理的梁思成也发挥所学,为北京大学设计了地质学馆与女生宿舍。(图25)两座建筑均具有突出的现代主义特征,造型简洁,外形完全服从于功能,但细部推敲细致,外立面简单而不单调,门窗排列的比例关系使整体形态显得丰富而严整。

22. 浙江第一商业银行上海分行
23. 虹桥疗养院
24. 上海百乐门舞厅
25. 北京大学学生宿舍

案例解析 邬达克及其建筑实践

邬达克，匈牙利籍著名建筑设计师。（图 26）1893 年生于斯洛伐克，1918 年流亡到上海，加入美商克利洋行从事建筑设计工作，1947 年离开上海。在 30 年的时间内，邬达克为上海留下了 60 多件设计作品，现今很大一部分已被列为优秀历史建筑。邬达克早期的代表作是具有折衷主义风格的教堂建筑——沐恩堂。此后他的设计风格逐步开始转向现代主义。1933 年的大光明电影院出人意料地采用了极富现代主义风格的造型，在建筑界与商界引起了极大反响。随后邬达克于次年完成了其一生中最重要的设计作品——上海国际饭店。（图 27）这座总高 83.8 米的 24 层建筑采用了当时风行美国的装饰艺术风格，同时也深深地渗入了现代主义元素。此楼建成后成为远东第一高楼，并将该记录保持了 30 年之久。

26 | 27

26. 邬达克
27. 上海国际饭店

第三节 传统复兴风格建筑

传统复兴风格建筑在19世纪末至20世纪初期先后有两次较大的发展，但其内在动因有着很大区别。

一、早期外国建筑师的实践

西方传教士初入中国之时，为了获取官方与民众的认同，采取了中国化的传教模式。他们说华语，着华服，用华名，在宗教建筑上也通过局部加入中国元素来增加民众的亲近感。典型者如北京中华圣公会堂，以传统四合院建筑的山面作为正立面，内部还保留了木结构的做法。（图28）

20世纪前后，在教会兴办的各类学校建筑中，大量出现了"中国式"建筑的身影。早期的中国式建筑在保持西式建筑体量、用材的同时，多模仿南方建筑飞檐翘角的形象，如圣约翰大学怀施堂。（图29）20世纪初，以南京金陵大学北大楼为代表，中国式建筑的核心元素已从模仿南方建筑转向了模仿北方官式建筑，追求宫殿式的建筑风格。（图30）此后以美国建筑师亨利·墨菲（Henry Murphy）为代表的外国建筑师通过将传统大屋顶与现代建筑组合，促成了中国式建筑的第一次高潮。本时期陆续兴建的北京协和医院西区、燕京大学、辅仁大学均体现了这种特征。

二、本土"传统复兴"风格的兴起

自1925年南京中山陵设计竞赛始，到1937年日本全面侵华止，十余年的时间内，南京、上海、广州等大城市出现了一大批中国式风格的建筑，类型涉及行政建筑、会堂建筑、文教建筑、纪念建筑、商业金融建筑等。这批建筑的风格就被统称为"传统复兴"风格。

形成这股风潮的原因颇为复杂，主要涉及以下几个方面。首先是官方的倡导。1927年国民党政府定都南京后，大力促进文化本位主义的发展。1929年的南京《首都计划》与上海《建设上海市市中心区域规划书》均提出要以中国固有形式为主，特别是各类公共建筑更应尽量使用本国形式。1930~1935年间还多次发表了关于促进中国本位文化发展的宣言文

28 |
--- | ---
29 | 30

28. 北京中华圣公会堂
29. 上海圣约翰大学怀施堂
30. 南京金陵大学北大楼

31	32
33	
34	

31. 国民党党史史料陈列馆
32. 中央博物院
33. 上海市政府大厦
34. 上海市政府大厦室内旧影

件。这些行政与文化上的措施,无疑成为促使传统复兴风格出现的最主要动因。其次,在20世纪20至30年代,从五卅惨案到"九·一八"事变,以日本为首的列强不断加强对中国的侵略活动。国难当头之际,对民族固有形式的推广已成为保存国粹、关乎民族存亡的重大举动。在民族意识高涨的背景下,广大建筑师把发扬传统形式视为一种神圣使命予以完成。最后从技术角度看,当时的建筑师普遍受过严格的学院派体系训练,大都能熟练掌握流行的折衷主义风格。而此时的传统复兴风格,亦可被纳入折衷主义的体系中,这种技术上的便利性也使得此种设计风格得以迅速推广。

三、传统复兴风格的实践

传统复兴风格的出现并不意味着中国建筑界出现了明确的传统复兴主义或学派,它只是一个特定历史条件下的产物。在传统复兴的大框架下,建筑师使用的处理手法也各不相同,大致可分为宫殿式、混合式、装饰符号式三大类。

宫殿式设计以保持传统建筑的比例关系与外形轮廓为核心,强调台基、屋身、屋顶三分构成的重要性,注重保持传统建筑的构件造型与细部装饰。典型者如谭延闿墓祭堂、国民党党史史料陈列馆、上海市政府大厦、中央博物院等。谭延闿墓祭堂采用钢混结构,但外观为一座五开间重檐歇山顶建筑,与清代帝陵的隆恩殿几乎无二。国民党党史史料陈列馆的外观为带须弥座台基的五开间重檐歇山顶形式,内部为三层。(图31)中央博物院更是以钢混结构做出了非常完备的辽代建筑风格,檐柱甚至还使用了生起、侧脚。(图32)但此类建筑在保持传统外观的同时,也产生了很多问题,如上海市政府大厦,建筑共四层,大厦建筑面积达9800平方米,各类功能差异很大的房间勉强挤入宫殿式的框架内,很多部位都难以使用。(图33)大量房间的采光通风效果也很差。此外大屋顶与瓦垄均需通过混凝土现浇完成,这在增加施工复杂性的同时也使造价剧增。这些问题深刻地暴露出了仿古做法与现代公共建筑之间的尖锐矛盾。(图34)

混合式风格则具有明显的折衷主义特征,不再拘泥于固有的比例与细部,一般多在西洋式的建筑主体上加入中式构件或小型建筑形象。

35 | 36

37

35. 中山陵祭堂
36. 广州中山纪念堂
37. 上海中国银行

如董大酉设计的上海市图书馆,在两层平顶式建筑的上部加入了一座重檐歇山建筑,形成状如门楼的造型。此外1925年由吕彦直完成的中山陵祭堂与广州中山纪念堂也是混合式风格的典型作品。中山陵祭堂下部四角采用堡垒式的石墙墩,中间为三开间门廊,上部是一座蓝琉璃歇山顶。建筑造型比例匀称,尺度得当,形象庄严肃穆,是传统复兴风格中的佳作。(图35)广州中山纪念堂体量宏大,观众厅面积达50000平方米。因为建筑平面为八角形,所以整体造型也设计成了四出抱厦的八角形攒尖顶式样。纪念堂广泛采用了钢混、钢桁架等先进结构,是在大体量建筑上采用中国式风格的大胆尝试。但整体来看,被过度放大的亭阁造型难以较好地满足近代化会堂的功能需求,存在着使用不便、空间浪费、结构复杂等问题,再次显示了传统建筑风格面对大体量建筑时的窘境。(图36)

装饰符号式风格是以装饰艺术风格为榜样,通过在现代式建筑的外部施以适度的中国式建筑符号来完成。华盖建筑事务所设计的南京外交部办公楼,采用了现代式的造型,仅在顶部做出略微外伸的挑檐和简化的斗拱形象,在门廊和窗间略施纹饰。梁思成、林徽因夫妇设计的仁立地毯公司是一个旧建筑扩建项目。在三层建筑的外部,作者大量使用了自南北朝至清代的各类建筑结构与装饰元素,并将其有机地融为一体,形成了一个富有"后现代主义"韵味的作品。(见章前页图2)上海中国银行是外滩最重要的高层建筑之一,顶部采用了和缓的攒尖顶,檐部施用一斗三升,墙体装饰纹样也富有中国韵味,是20世纪30年代传统复兴风格在高层建筑上的宝贵尝试。(图37)

案例解析 墨菲与"中国式"风格

亨利·墨菲毕业于美国耶鲁大学，1914 年受聘主持清华大学的校园规划，这使他得以广泛接触中国的传统建筑，并催生了他将传统风格与现代建筑相结合的想法。随后他在福州协和大学、金陵女子学院、北平燕京大学等处的校园规划与单体设计中广泛融入了中国传统建筑元素。此外，他还设计了南京灵谷寺国民革命军阵亡将士纪念塔、纪念堂等建筑。通过一系列的实践，墨菲较为成功地将现代技术与传统的宫殿建筑造型相融合，在当时被认为是将西方近代物质文明与中国固有文化传统进行了较好结合。后期墨菲还曾受聘担任国民政府的建筑顾问，他在 20 世纪 20 年代前后的设计实践对后期中国建筑师的同类设计产生了很大影响。（图 38）（图 39）

38 | 39

38. 亨利·墨菲
39. 燕京大学校园鸟瞰

第四节 计划经济体制下的建筑实践与思潮

1949年至改革开放前，计划经济体制在中国大陆地区占据了主导地位。在国家的全面掌控下，中国大陆以工业化为核心目标进行了全面的建设。建筑行业的发展也在经济与政治因素的影响下具有了明显的时代特征。

一、城市规划与建设

20世纪50年代的中国，除个别城市初步具备了近代化特征外，绝大多数城市依旧停留在封建时期的旧有格局上。大部分城市的基础设施都很薄弱，缺乏给排水设施，甚至没有电力，公共道路与服务设施严重不足。1949~1952年间，国内城市的发展以恢复改善为主，重点进行了一些城市内棚户区的改造，如北京龙须沟、上海肇家浜等，还尝试新建了一批居住与工业设施。(图40)1953年开始实施第一个五年计划，随着苏联援建的156项重点工程的开建，在全国各地普遍开展了以苏联模式为蓝本的城市规划活动，确立了城市作为工业生产中心的基本定位。通过本阶段城市规划与建设工作的实施，还建立了规划学科专业与管理机构，培养了一支专业队伍，为全国范围内的工业化、城市化奠定了基础，综合来看取得了很大成绩。但本时期的规划由于受到"全面学习苏联"的影响，在城市定位上带有过分强烈的工业化色彩，对大型城市旧城改造问题的考虑尚欠周详，在具体规划手段上也有所欠缺。1958年至1978年间，由于受到各类政治运动的影响，城市规划与建设工作发展缓慢，但也有一些较为成功的项目，如攀枝花钢铁基地规划、唐山震后重建规划等。

北京是新中国的政治中心，中央政府对北京市的规划极为重视，在新中国成立之前就成立了北京都市计划委员会，邀请了苏联专家，共同就北京的规划进行广泛的讨论。最后大家的意见既有共同点也有明显分歧。在城市规模、整体布局、路网系统等方面，各组专家的意见大致相同，均建议将北京定位为政治、工业、文化、科学与艺术中心，城市交通以从市中心向城外延伸的放射形环路为主体，东南地域布置工业区，西北区域布置高教区，西山区域为休养区。但在行政中心的选址上则分歧明显，以苏联专家为主的意见借鉴了莫斯科的发展经验，建议将行政中心置于城内，这样可以方便地利用旧城内的现有资源，也利于与外部区域联系。以梁思成为代表的部分中国专家则建议在西郊另建新城容纳行政中心，优势在于可以完整地保存旧城文化环境，避免旧城建筑与人口密度过高等问题。中央政府经综合考虑，有鉴于当时国民经济的承受能力与紧迫的现实需求，最终选择了以苏联专家为主的意见。经过多次修改，在1959年正式形成了延续至今的整体规划框架。在这份规划中，确立了若干影响深远的原则，如市区内设置四重环路，外围设置三重环路；从中心区向外放射十余条主干道路；城市布局采用分散集团式格局，中间以绿化带分隔，外围建设卫星城等。(图41)(图42)

40

40. 新中国成立初期完成的百万庄住宅区

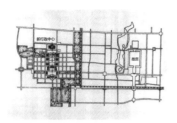

41
42
43

41. 梁陈方案中行政中心与旧城的关系图

42. 1959年北京城市总体规划方案

43. 重庆西南大会堂

二、民族传统与政治因素

20世纪50至60年代，随着中华人民共和国的成立，爱国主义与民族传统紧密结合，诞生了一批与20世纪30年代传统复兴风格类似的复古主义建筑作品。此类作品已不再使用宫殿式的风格，大部分为混合式的折衷主义风格，此外还少量出现了具有装饰符号特征的作品。

重庆西南大会堂坐落于重庆市政府对面的马鞍山之上，沿99级台阶拾级而上，气势雄伟，体量雄浑，已成为当今的城市标志。建筑整体形象吸收了天坛、天安门等建筑中的古典建筑元素，仿祈年殿的三层攒尖圆顶下是直径46米、容有4500个座位的圆形厅堂。但是这种在大体量现代建筑上套用传统形式的做法依旧未能解决20世纪30年代以来的诸多问题，如圆形大厅的声聚焦效应导致音响效果不佳，各类装饰的成本也很高。（图43）

相对而言，复古主义风格在中小体量的文教办公建筑上的尝试则较为成功。华东航空学院教学楼由杨廷宝设计，他将大面积的平顶与古典风格的檐口相结合，局部设置活泼的小型歇山顶，成功地处理了复古主义风格与现代建筑功能之间的矛盾，获得了较好的使用功能与视觉效果。中国美术馆是本时期复古主义尝试的优秀成果，设计者戴念慈对整体造型与细部装饰进行了精致地推敲，成功地将平顶、攒尖、卷棚歇山等屋顶形式与现代式建筑相融合，有效地削弱了传统大屋顶的压抑感，并通过屋顶、墙面、檐口与柱廊的有机结合，形成了典雅的比例关系与光影效果。此外围绕主体建筑的院落格局也有效地和周边环境产生共鸣，成为一处具有浓厚人文韵味的观展场所。（见章前页图3）

在20世纪50至60年代的建筑设计领域，政治活动的影响比比皆是，其中以新中国成立十周年庆典前后完成的十大建筑最为典型。这些建筑普遍以复古主义为基调，在传统风格与现代功能之间进行了有效的协调，虽然以当代的眼光看，无疑还存在着修建时间仓促、缺乏科学有序管理、空间浪费、成本偏高等诸多问题，但作品在形式风格上的探索精神与其丰富的民族文化内涵无疑值得继承与学习。人民大会堂作为十大建筑的核心，仅280天就设计施工完毕，创造了建设史上的奇迹。会堂的外部造型成功摆脱了大屋顶的桎梏，采用了装饰符号式的手法，将黄琉璃檐饰与大平顶建筑相结合，通过低伸的体量、长向的柱廊造就了突出的宏伟感，与故宫形成了有效呼应，是20世纪50年代中国复古主义建筑设计的最高成就之一。（图44）此外以民族文化宫和北京火车站为代表的折衷主义风格建筑，通过对形体的出色把握与推敲，与前述的中国美术馆一样，均获得了较好的艺术效果，时至今日依旧被视为成功之作。（图45）

三、现代主义的尝试

在复古主义盛行的20世纪50年代初，一批建筑师开始尝试将现代主义的设计手法付诸实践。和平宾馆于1953年建成，其基址原为清末大

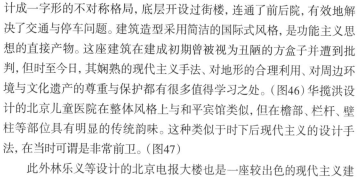

学士那桐的住宅。为保留原有的四合院与古木、古井，杨廷宝将建筑设计成一字形的不对称格局，底层开设过街楼，连通了前后院，有效地解决了交通与停车问题。建筑造型采用简洁的国际式风格，是功能主义思想的直接产物。这座建筑在建成初期曾被视为丑陋的方盒子并遭到批判，但时至今日，其娴熟的现代主义手法、对地形的合理利用、对周边环境与文化遗产的尊重与保护都有很多值得学习之处。（图46）华揽洪设计的北京儿童医院在整体风格上与和平宾馆类似，但在檐部、栏杆、壁柱等部位具有明显的传统韵味。这种类似于时下后现代主义的设计手法，在当时可谓是非常前卫。（图47）

此外林乐义等设计的北京电报大楼也是一座较出色的现代主义建筑。林氏在之前曾设计了富有装饰符号意味的首都剧场，并受到好评。但这次他大胆摒弃了外部的附加装饰，采用了简洁的横向三段式构图，以中央的钟楼为核心，注重简繁、虚实对比，对整体比例与细部进行了精心推敲。在建成后的几十年内，电报大楼，尤其是那高耸的钟楼始终是西长安街的重要地标。（图48）

44. 人民大会堂
45. 民族文化宫
46. 和平宾馆旧影
47. 北京儿童医院
48. 北京电报大楼

案例解析 扬州鉴真和尚纪念堂

鉴真和尚纪念堂是在 20 世纪 70 年代中日交流不断加强的背景下完成的。建筑位于扬州大明寺内，是本时期仅有的以仿古宫殿形式完成的纪念性建筑。在该设计中，已被视为封建主义象征的大屋顶得到了再次使用。设计方案由梁思成先生主持完成，施工时梁先生已然谢世，主要由杨廷宝、童寯等人指导完成。纪念堂整体造型源自鉴真和尚主持设计的日本奈良唐招提寺，意在体现中日文化交流。建筑面阔五间，单檐庑殿。外部采用唐风造型，内部设有天花，天花以上采用钢木屋架结构，较好地平衡了古典造型与现代技术之间的矛盾。（图 49）

49

49. 扬州鉴真和尚
纪念堂

第五节 改革开放时期的建筑实践与思潮

1978年后，随着全面的改革开放，大陆地区的建筑行业日益与国际接轨，各类先进技术与观念不断被引入，建筑业获得了飞跃性的发展。但自近代以来就存在的诸多争议性问题依旧存在，如固有传统的体现与继承、本土设计师的地位与出路、社会整体可持续发展的途径与方式等。

一、域外设计师的实践

北京香山饭店由美籍华人设计师贝聿铭（Leoh Ming Pei）完成。通过运用符号化的现代主义手法，作品成功地摆脱了大屋顶的桎梏，将现代建筑形式与中国传统文化融为一体。香山饭店以中国传统的中轴对称合院布局为核心，将贝氏熟悉的江南园林做法引入其中，形成了一个山水交融、富有园林与民居韵味的诗意场所。饭店主体建筑最高处仅有四层，以非常谦逊的姿态出现在山峦之间，菱形窗格、灰线白墙的装饰手法体现了贝聿铭对江南风韵的深刻理解与成功把握。（图50）20年后苏州博物馆新馆在贝聿铭的主持下设计建设完成，这座建筑与香山饭店颇有神似之处，但大量使用了颇具后现代主义意味的钢结构与大面积玻璃顶，体现了贝氏对中国传统形式现代化的新思考。（图51）

上海金茂大厦是20世纪90年代末建成的超高层建筑，由美国SOM事务所完成。建筑通过对整体造型的把握，成功地将中国传统佛塔的意象引入其中，进而具有了浓厚的本土文化特色，是后现代主义的成功作品。与其毗邻的环球金融中心建成于2008年，由美国KPF事务所设计完成。建筑整体造型以两条弧线形成刀状楼体，顶部设有观光平台，楼体建造中使用了许多先进技术与设备。（图52）

上海商城位于上海市最繁华的南京西路，在20世纪90年代由美国建筑大师约翰·波特曼（John Portman）设计完成，是一座包含了商业、娱乐、办公、酒店等诸多功能的综合体。建筑由三栋百米以上的高层建筑构成，下部是整体性的裙房。其中最具特色的是裙房内"波特曼"式的共享空间处理。设计者将裙房内的多层空间打通，形成了一个宏大明亮的内庭院，环绕庭院设置了各类商业与交通设施。这种共享空间的手法现今虽已司空见惯，但当时对进入者的感观冲击却是空前的，由此也带动了国内一大批模仿作品的出现。（图53）

千禧年前后，保罗·安德鲁（Paul Andreu）完成的国家大剧院、雅克·赫尔佐格（Jacques Herzog）与皮埃尔·德·梅隆（Pierre de Meuron）主持完成的2008年奥运会主场馆——鸟巢、雷姆·库哈斯（Rem Koolhaas）完成的中央电视台新楼均是此时期的代表作，其所带来的震撼与争议至今仍在延续。

二、历史主义与地域特色

中国本土建筑师在20世纪80年代国门打开后，对外来风潮采取了积极的应对态度。他们一方面大力学习先进技术与观念，另一方面也努力寻求自身文化背景下的突破，但受限于市场体制等因素，很多探索并不成功。典型者如20世纪90年代北京兴起的"夺回古都风貌"运动，此次运动造就了一批粗鄙丑陋的"复古主义"建筑，这类将民族传统、文化特色简化、俗化为大屋顶加斗拱的做法也被戏称为"穿衣戴帽"。部分较为成功的作品往往带有浓厚的个人实验色彩，尚未形成可以主导市场的力量。

1985年在孔子故里曲阜建成的阙里宾舍是戴念慈继中国美术馆之后的又一个重要作品。建筑整体采用合院模式，造型虽仍有大屋顶形式，但细部更多地显示了现代主义的做法。整体看来，设计观念较前一时期有明显改变，但面对域外建筑风潮，仍不免略显保守。关肇邺设计的徐州市博物馆建于乾隆行宫旧址之上，但其造型并未采用传统的宫殿式建筑，而是整体作横向三段式格局，以盝顶居中，通过细部装饰来体现徐州的悠久历史。（图54）刘力等设计的北京炎黄艺术馆则更进一步，较为成功地跳出了传统样式的窠臼，以"艺术"为出发点，将多种装饰元素融为一体，如主入口形似玉琮的立柱、大型的坡顶展厅等，取得了神似而非形似的良好效果。（图55）

20世纪90年代由莫伯治设计的广州西汉南越王墓博物馆是一件富有装饰符号风格的作品。设计以石质墓室为中心，上建覆斗状玻璃天棚，在提供遮护采光功能的同时，也成功地塑造了陵寝封土的意向。墓室北侧与东侧建有的展馆，采用了较为简单的形体组合，通过回廊连为一体。建筑的文化意向主要通过外墙的选材与装饰图案来体现。与墓室用材类似的红砂岩被用来装饰外墙，体现了古今之间的联系。（图56）2005年建成的安阳殷墟博物馆由崔恺主持设计，是近期大遗址保护与展示建筑中较为成功的作品。博物馆整体采用了下沉式设计，将主体置于地平面之下，地表多以植被覆盖，形成了与环境浑然一体的效果，最大程度地保留了遗址原貌，显示了新建建筑对旧有环境与文化的尊重，内部装饰也使用了富有地域性与时代性的做法。（图57）

三、后现代主义的影响

后现代主义本身是一个相对模糊的概念，被引入中国大陆后，其表现方式就更加多变。当与传统文化的表达与传承密切相关时，其实质上就成为历史主义的一种表现模式。自20世纪80年代以来，在后现代主义影响下较为成功的实例更多地出现在公共与文教类建筑中，并大都带

有浓厚的个人色彩。

王澍是此类建筑师中较具代表性的一位。作为一位根植于本土的建筑师，通过对传统文化的个性化理解，王澍的设计作品对民族风格进行了新的诠释，并由此获得了2012年度普利兹克建筑奖（Pritzker Architecture Prize）。中国美术学院象山校区是王澍作品中规模较大、实用性较突出的一个例子。在整体布局上，作品成功地处理了建筑与环境的关系，以大尺度的合院布局配合人工坡地，辅以旧有的溪流、鱼塘，将体量巨大、内容繁多的校园建筑群有效地融合在象山周边，体现了传统文化中对环境的尊重。建筑外部造型没有拘泥于古典形式，除少数弧线状屋顶会给人以直观联想外，更多的是通过色彩与质感唤起对历史记忆的共鸣。在功能处理上，建筑内部采用了符合现代教学要求的设备体系，室内粗犷的混凝土表面、纵横交错的管线与照明设备，与秀丽沉静的外部造型形成了鲜明对比。对废弃砖瓦等建筑材料的再利用也是设计的亮点之一，在倡导节约环保观念的同时，物质再利用所表达的文化延续也是重点所在。（图58）

苏州大学文正学院图书馆建于一片由废砖场转化而来的水域之上，背倚小山，整体环境非常适于体现中国传统园林的意境。作品没有采用传统的园林建筑风格，而是以极具后现代主义特征的解构式造型配合大面积玻璃临水而建。通过建造半地下式建筑，成功削弱了主体建筑的体量，使原为三层的建筑在地表之上仅显露出两层，以适宜的尺度、谦逊简洁的形象出现在世人面前。主体之外还建有若干小型建筑，它们通过与主体建筑的配合，体现了传统造园理论中的造景手法。（图59）除此以外，王澍近年在宁波与金华等地完成的一系列作品也都具有突出的个性。（图60）

马清运在20世纪90年代后逐步转入日趋发达的中国市场，其富有本土色彩的作品也日渐增多，其中最著名的当属具有浓厚个人实验性质的玉山石柴。该作品是马清运为父亲所建的私人住宅，位于陕西省蓝田县玉山镇辋川河畔的丘陵地带。唐代著名诗人王维的辋川别业也曾坐落于此，别业内有山冈题名为"鹿柴"，玉山石柴的命名就是由此得到启示，同时"石"也点出了建筑的核心特征。住宅背山面河，由几个高低错落的矩形体块构成。结构主体为混凝土框架，墙体与地面材料均选用当地辋川河中的鹅卵石砌筑而成，部分墙体与门窗采用了山间盛产的竹木材料。在质感与视觉上，建筑与地方传统达成了沟通，体现了浓厚的乡恋情怀。同时其质朴无华的造型与装饰也在意向上延续了自辋川别业以来的清逸出世观念。（图61）

案例解析 土楼公舍——关注低收入群体的实验建筑

　　2010年阿迦汗建筑奖（Aga Khan Award for Architecture）获奖作品，由都市实践设计团队获得。这座建筑是一个面向低收入群体，尝试在都市环境中解决住房问题的先锋试验。土楼公舍以客家土楼为原型，占地9000平方米，可容纳1200~1300人居住。居住空间以环形排布的单元公寓与集体公寓为主，并在每层设置公共活动空间，社区层面上还设有食堂、商店、图书馆、篮球场等设施，内向布置的各类设施意在形成一个温馨舒适的集体小环境。该设计尝试在高密度居住条件下提供高质量的生活环境，是一座难得的富有人文关怀的建筑。虽然作品仅是初步的探索，但在当前商业化气息弥漫的建筑市场中，其对现实社会问题的关注与集体主义理想的回归却值得倍加重视。（图62）

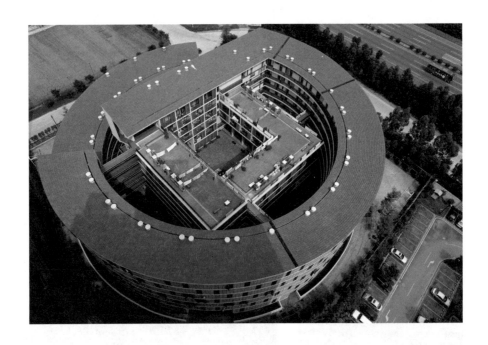

62

62. 土楼公舍

第六节 台港澳地区的建筑实践

台湾与港澳地区的建筑实践与其经济发展密切相关。在经历了20世纪50至60年代的萌动期后，在20世纪70年代进入了高速发展期，随后又以20世纪90年代亚洲金融危机为转折点，建筑作品的数量与质量都有所下降。

一、台湾地区

1945年以前的日据时期，日本侵略者为巩固其统治，在岛内进行了一些近代化的基础设施建设。1949年国民党政府溃退至台湾，随行的工程技术人员对台湾建筑营建的现代化产生了重要的推动作用。20世纪50至70年代，以朝鲜战争与越南战争为契机，台湾成为美国在亚太仅次于日本的重要战略支撑点。同时，得益于欧美发达国家的制造业转型，通过承接物资生产与对外贸易，台湾逐步完成了农业化至工业化的过渡，大大推动了岛内建筑业的发展。

20世纪50至60年代岛内的建筑创作，以台湾高雄银行和台北南海学园科学馆为代表，明显秉持了折衷主义的原则，依旧使用传统的大屋顶形式。1962年建成的台北八里圣心女中由日本著名建筑师丹下健三（Kenzo Tange）完成，强调多途径交流的空间设计思想，令人耳目一新。（图63）台中东海大学路思义堂（the Luce Chapel）由贝聿铭设计。这座教堂在造型上摆脱了欧式与中式的限制，以四片双曲面薄壳构成，在似与不似之间，将结构意蕴与宗教的神秘感、神圣感融为一体，体现了形式与内容的高度统一，是此时期现代主义建筑的典范。（图64）

20世纪70至80年代的台湾处于经济高速发展期，各类营建繁盛，设计思潮与手法也呈现出百花齐放的格局。1972年完成的台北中山纪念堂体现了台湾建筑师以现代主义手法诠释传统文化的努力。建筑造型没有拘泥于传统宫殿式格局，而是以大面积的曲线屋顶和耀眼的黄色为核

63 | 64

63. 台北八里圣心女中
64. 台北路思义堂

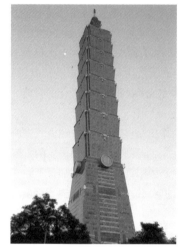

65. 台北中山纪念堂
66. 台北宏国大厦
67. 台北101大楼

心,对纪念性建筑进行了新的尝试。(图65)同期完成的圆山饭店二期工程是以复古主义为核心的设计,造型基本秉持了传统的宫殿建筑样式,很好地体现了商业酒店的属性,已成为台北市的地标性建筑。台北善导寺慈恩楼是20世纪80年代台湾宗教建筑的代表作。由于建筑用地狭小,传统的院落格局无法使用,慈恩楼以前所未有的多层建筑面貌出现,通过入口处神似牌楼的雨棚、外伸的阳台和细部装饰,在现代建筑上隐喻了传统的楼阁建筑。(见章前页图4)1984年由李祖原完成的宏国大厦体现了将后现代主义手法与传统文化融合的尝试。这座极富雕塑感的建筑通过细部结构,还表达了木结构的趣味,体现了极强的探索精神。(图66)在其近期于西安法门寺完成的合十舍利塔设计中,同样可以看到类似的创作思路。

进入20世纪90年代后,台北新光大楼与富邦金融中心的设计体现了国际流行风尚的影响,21世纪初由李祖原完成的台北101大厦则体现了台湾建筑设计与技术的最新成就。这座高楼依旧秉持了富有雕塑性与隐喻性的设计风格,采用了形如竹节,亦似佛塔的造型,大楼底部渐次收束,中部每八层集合为一斗形造型,重复叠放八次,至顶部形成一塔刹状尖顶。这座大楼自建成之日起就成为各界的焦点,大楼中对数字八的重复使用、楼体下部外圆内方的标志性造型,以及斗状楼体的隐喻更令各界争论不休。(图67)

二、港澳地区

香港与澳门都曾经历过殖民统治,因此与台湾地区相比,其在建筑造型上更多地体现了商业金融与欧美流行风尚的影响,中国传统文化的影响主要体现在室内布置、堪舆风水等细节上。1962年建成的香港新市政厅,是公认的香港第一座现代主义建筑。建筑由费雅伦(Alan Fitch)设计,采用了具有包豪斯风格的造型,结构暴露,以大面积玻璃作为围护结构主体,整体造型典雅大方。1972年建成的香港艺术中心是一座在仅30米见方的基址上修建的功能综合体。设计师何弢以三角形和黄色为母题,通过在室内外的广泛使用,产生了灵动的韵律感。入口处的1~4层相互联通，形成了一个天井式的大堂。大堂内部黄色的通风管贯通上下，给人以强烈的升腾感，有效地解决了狭小基址带来的压迫感。（图68）

1986年完成的汇丰银行总部大楼（HSBC Main Building），由后现代主义高技派大师诺曼·福斯特（Norman Foster）主持完成，显示了结构技术进步带来的典雅风范。建筑在细部装饰与设备布置上则根据中国传统的风水学说，进行了一定程度的修正。1988年建成的力宝中心由美国建筑师保罗·鲁道夫（Paul Rudolph）完成，体现了明显的商业宣传意味，并通过玻璃幕墙的凸凹变化，给人以强烈的视觉冲击力。（图69）1990年建成的中国银行大厦是贝聿铭的又一杰作。贝氏成功地处理了复杂的基址对建筑造型的影响，以三角锥组合体的形式，营造了一座富有生长气息的全新建筑。该建筑也一举成为香港的新地标。（图70）此外1992年完成的中环广场、1997年完成的香港会展中心二期、1998年完成的香港新机场均是本时期重要的建筑作品。

澳门区域内建筑的发展呈现出一种混杂而缓慢的趋势。虽然缺乏世界级大师带来的杰作，但也由此为今天的人们保留下来了一座富有怀旧意味、中西文化交融的城市。澳门中国银行大楼、葡京大酒店、澳门国际机场等均是20世纪70年代以来澳门较为重要的建筑作品。（图71）

案例解析 台湾乡土建筑风格的探索——澎湖青年活动中心

以 20 世纪 70 年代中美建交为标志，台湾国民党政府在国际上受到了全面孤立，由此也引发了岛内本土化浪潮的兴起。在建筑设计领域，这种文化风潮主要表现为不再盲目追寻以传统官式建筑要素为主的复古主义，而是改为寻求具有更广泛认同感的乡土建筑元素。岛内常见的闽南民居的造型与装饰元素就成为不二之选。汉宝德是一位具有深厚传统文化造诣的新生代建筑师。通过研究澎湖当地的民居建筑，并汲取后现代主义思潮中的某些手法，汉宝德在设计中成功地将闽南建筑风韵与现代公共活动中心相结合，形成了富有地域特色的作品。在他的建筑中，观者可以从材质、屋顶与门窗造型等诸多方面感受到与旧有环境的血脉联系。此外，李祖原的大安国宅亦采用了类似手法。（图 72）

72

72. 澎湖青年活动中心

下篇

外国建筑简史

工业革命之前的古代世界建筑体系，主要包括影响广泛的欧洲建筑、伊斯兰建筑以及东亚建筑。此外还有古代埃及建筑、古代西亚建筑、古代印度与东南亚建筑、古代美洲建筑等。

古希腊建筑通常被视作欧洲建筑的源头，以神庙与圣地建筑群为核心的古希腊建筑在公元前5世纪达到顶峰，并由此发展出以柱式为核心的建筑规范，对后世产生了深远影响。古罗马在继承古希腊成就的基础上，发展出较为完备的券拱技术，直接为中世纪建筑的发展奠定了基础。4世纪末罗马帝国分裂后，拜占庭帝国在东方发展出了独特的建筑风格。西欧地区则在罗马风建筑的基础上发展出了哥特式建筑。15世纪的文艺复兴运动在意大利留下了以圣彼得大教堂为代表的大批优秀作品。16~18世纪，欧洲出现了名为巴洛克的建筑风尚，几乎与此同时，在法国则流行着名为古典主义的风格，随后又蜕变为洛可可风格。进入19世纪后，伴随工业革命的兴起，复古与创新之风相互交织冲撞，各类思潮与流派可谓异彩纷呈。至20世纪初，现代主义建筑正式登上历史舞台，风行全球达半个世纪之久。20世纪70年代至今，西方建筑的发展日趋多元化，由此也被称为后现代时期。

东亚建筑以中国为核心，并对朝鲜半岛与日本产生了广泛影响。伊斯兰建筑则以中亚与印度地区的集中式穹顶建筑最为典型。古埃及建筑以陵墓与神庙最具代表性，古代西亚建筑则以宫殿建筑最为突出。古代美洲建筑包含了玛雅、阿兹特克与印加建筑，古代印度与东南亚地区的建筑则主要为婆罗门教与佛教建筑。

第一章
古典建筑时期

尼罗河与两河流域（幼发拉底河和底格里斯河）是人类文明最早的发祥地。在这里产生了人类最早的城市、宫殿、陵墓、神庙、住宅，尤其是巨大的纪念性建筑，更具有突出的代表性。尼罗河与两河文明地处要冲，对包括爱琴海地区在内的周边区域产生了广泛影响。公元前3000年前后在爱琴海地区出现了以克里特和迈锡尼为代表的早期城邦文明，他们的宫室与卫城建筑均具有鲜明的特色。

公元前8世纪左右，在巴尔干半岛及其周边地区出现了一批奴隶制城邦国家，统称为古希腊文明。此时期圣地建筑群与神庙的营建取得了很高的艺术与技术成就，并直接由统一希腊的马其顿帝国所继承，进而也为古罗马建筑文化的发展奠定了基础。古罗马源于意大利中部的一个小城邦国家，在1~3世纪发展到顶峰。借助发达的生产力与世俗生活需求的拉动，古罗马建筑取得了前所未有的成就，其中券拱技术的发明更具有里程碑式的意义。与此同时，古罗马还建立了较为科学的建筑理论，对后世欧洲，乃至全世界的建筑发展都产生了重大影响。

东亚地区自公元前后逐步形成了以中华文化为中心、向周边扩散传播的文明发展模式，日本列岛与朝鲜半岛地区是两个主要的传播方向。隋唐之际伴随着频繁的直接交流，日本与朝鲜半岛的建筑文化与技术与中国大陆地区日益趋同。宋元之后，中国对日本的影响逐步减弱，日本建筑的本土特色日益凸显。朝鲜半岛因为直接与中国接壤，所以直至明清时期还持续受到中华文化的影响。

伊斯兰教诞生于中东地区，伴随着该教派的广泛传播，在北非至南亚的辽阔地域内形成了特征鲜明的伊斯兰建筑体系，其中又以中亚与印度地区的成就最为突出，莫卧儿王朝的泰姬玛哈尔陵（Taj Mahal）就是最杰出的代表之一。佛教及婆罗门教在印度与东南亚地区也具有强大的影响力，留下了以阿旃陀石窟(Ajanta Caves)、吴哥窟（Angkor Wat）为代表的一大批杰出作品。

第一节 古埃及与两河流域

古埃及与两河流域的大型国家性纪念物是该地区建筑成就的集中体现。尼罗河流域主要以陵墓和神庙为主,两河流域则以世俗化的宫室建筑为主。

一、金字塔的演化

古埃及人相信人死后灵魂不灭,3000年后会在极乐世界复生,所以对尸体的保护,进而对陵墓建设极其重视。埃及早期的高等级陵墓常用砖在墓穴上方砌筑与住宅相仿的祭堂,形似扁平的长方形平台,此种陵墓被称为玛斯塔巴(Mastaba)。(图1)在第一王朝时期,皇帝乃伯卡特(Nebetka)的陵墓在祭堂之下增建九层砖砌台基,正式宣告了向高处发展的集中式纪念性陵墓建筑的出现。

至古王国时期,随着中央集权制度的不断成熟,对帝王的崇拜也不断加强,永恒不朽的石材成为陵墓用料的首选。大约建于公元前3000年的昭赛尔(Zoser)金字塔就是典型。(图2)昭赛尔金字塔为台阶状的方锥形,分为六层,高约60米。墓室置于地下20余米处。金字塔外围设有9米高的围墙以及祭堂等附属设施,显示了其与早期陵墓的联系。陵墓建筑群的入口设在围墙东南角,进入后是狭长黑暗的甬道,走出甬道,高耸的围墙将外部建筑有效屏蔽,明朗的天空、高耸的金字塔豁然出现在朝觐者眼前,国王陵墓的神圣性得到了极大的强化,由此也显示出此时埃及人已深刻认识并熟练掌握了多层次对比的纵列建筑布局。

在昭赛尔金字塔之后,第四王朝的三位皇帝陆续在吉萨(Giza)地区修建的三座相邻的大金字塔,代表了埃及金字塔建设的最高成就。(图3)三座金字塔均为精确的正方锥形,分别为胡夫(Khufu)金字塔、哈夫拉(Khafre)金字塔、门卡乌拉(Menkaure)金字塔。三座金字塔坐落于一望无际的沙漠边缘,以稳重、纯粹的造型为国王的神性与永恒作出了最好的证明。除了形体上的纯净化外,三座金字塔的附属建筑与昭赛尔金字塔相比均有所缩小,同时其外观也不再模仿木与芦苇材质,而是采用了与石质材料相适应的简洁体块,实现了艺术形式与材料、技术之间的有机融合。

1 | 2 | 3

1. 古埃及玛斯塔巴式陵墓图
2. 昭赛尔金字塔
3. 吉萨金字塔群

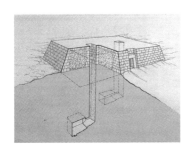

4	6
5	
7	

4. 哈特什帕苏墓

5. 卡纳克神庙

6. 卢克索神庙

7. 阿布辛贝勒神庙

二、古埃及陵墓与神庙

在中王国时期，埃及首都迁到了位于峡谷地带的底比斯（Thebes）。此时，旧有的建筑形式已难以适应自然环境，陵墓建筑开始以宏大的祭堂建筑与纵深的序列感来体现神性与权威。

曼都赫特普三世（Mentu-Hotep Ⅲ）墓约建于公元前2000年。进入墓区首先是长达1200米、两侧密布狮身人面像的石板路，然后是一个开阔的广场，广场末端是一座宏大的两层台阶状祭堂，每层外部环以回廊，二层上部还有一个小型的金字塔造型。最后是一座大厅以及深入崖壁的墓室。此时的陵墓虽然还没有彻底摆脱金字塔的造型，但已开始通过强调纵深序列和增大祭堂建筑体量来创造一种新的建筑风格。紧邻曼都赫特普三世墓的哈特什帕苏（Hatshepsut）墓（图4）整体布局与之类似，但通过在祭堂上使用三层柱廊，正面愈发开阔，规模也更加宏大。同时祭堂已不再出现金字塔的造型，显示了造型手法的进步。

在中王国时期，随着专制集权的进一步加强，以神化统治者为核心的太阳神崇拜日益受到重视，各类神庙由此也得到了长足发展。至新王国时期，国王陵墓已不再单独设立祭堂，而是转为建设与神庙形制类似的祭祀庙宇。此类神庙以卡纳克神庙（Temple of Karnak）（图5）和卢克索神庙（Temple of Luxor）（图6）最为典型。此时神庙已形成了相对固定的规制，平面均为矩形，以神庙大门和内部空间作为装饰重点。大门的样式是一对高大的梯形石墙将一座不大的门道夹于中间。两者均密布雕饰，且多施有彩色。当举行宗教仪式时，皇帝自大门走出，此时太阳恰从两道石墙之间升起，皇帝与太阳神合一的神性特征得到了最强烈的彰显。神庙内部高大粗壮的石柱上密布雕饰，内容大都是对皇帝丰功伟业的歌颂，宏大的尺度再次彰显了帝王的权威。此外，在埃及皇帝征服南方的努比亚（Nubia）地区后，依山开凿了以阿布辛贝勒（Temple of Abu Simbel）为代表的几座巨大神庙。阿布辛贝勒神庙（图7）由新王国最强大的统治者拉美西斯二世（U. Ramesses Ⅱ）完成，其在山崖峭壁上凿出了一个高30米、宽35米，模仿神庙大门的形象，在墙体正面凿出了四座拉美西斯二世的坐像。内部是纵深达55米的神庙大厅，大厅最后的圣堂正中设有拉美西斯二世的坐像。每年春分与秋分，初升太阳的第一道光束

8. 伊仕达门
9. 人首翼牛像
10. 帕赛波里斯宫殿复原图

会直射到圣像身上，该神庙也因此堪称建筑技术、艺术与宗教完美结合的典范。

三、两河流域的建筑

巴比伦、亚述和波斯是两河流域文明的代表，其建筑具有明显的世俗化倾向，与埃及浓厚的宗教特征区别明显。

两河流域下游地区缺乏优质的石材与木材，所以土坯成为主要的建筑材料。但当地频繁的暴雨对土坯破坏严重，由此产生了以陶钉钉于土坯表面防水加固的做法。随着时间的推移，陶钉的颜色与图案组织日趋复杂，形成了绚丽的装饰效果。公元前3000年以后，当地开始采用石油沥青涂刷土坯，陶钉逐渐被淘汰，但此种装饰手法依旧被沿用，只不过将陶钉替换成了各色石片和贝壳。与此同时，两河下游的人们在烧制砖坯时发明了琉璃，并将这种色彩艳丽、防水性极佳的材料进行了迅速推广。早期琉璃砖多为单色，但很快就出现了饰有浮雕的复杂形式。琉璃砖底色多为蓝绿色，浮雕则多为白色或金黄色，二者对比强烈，具有突出的装饰效果。公元前6世纪的新巴比伦城，重要建筑物大量使用琉璃砖装饰，使得贯穿全城的大道两侧色彩辉煌，华丽非常。琉璃砖的装饰内容主要是图案化的植物、动物或纹饰。典型者如新巴比伦的伊仕达（Ishtar）城门（图8），其在深色背景上，横纵反复出现了好几种动物的侧面形象。

两河流域的建筑，以亚述与波斯的王宫最为典型。亚述的萨艮二世王宫（The Palace of Sargon II）位于国都西北角的卫城内，建于一座高达18米的台基之上，外围有密布的高墙和碉楼，土坯墙厚达3~8米，体现了浓厚的防御特色。最具特色的是王宫大门，其造型采用了两河流域下游地区的流行样式，由四座高耸的碉楼夹着三个相对低矮的门洞。在门洞两侧和碉楼转角处，雕有构思巧妙的人首翼牛像。（图9）这些雕像每座均有五条腿，正面可看到两条，侧面可看到四条，转角一条是两面共用。聪慧的设计者巧妙地运用了观察角度的差异，突破自然规律，创造了新颖的符合建筑特征的装饰手法。

波斯人信仰拜火教，宗教仪式露天举行，不设庙宇，故而其建筑精华多集中于宫殿建筑中。帕赛波里斯宫（Palaus of Persepolis）（图10）是由波斯帝国最强悍的皇帝大流士一世（Darius I）及其继任者薛西斯一世（Xerxes I）完成的礼仪性宫殿建筑，是帝国权力的象征。（见章前页图1）宫殿建于高达12米、由石块砌筑的高台之上。北部为两座用于典礼仪式的大殿，一座称为朝觐殿，另一座称为百柱殿。东南是财物库房，西南是后宫。宫殿装饰非常豪华，彰显了波斯帝国权贵的权力。朝觐殿内部墙体上贴有黑白两色的大理石和彩色琉璃砖，部分木结构上还包裹有金箔。百柱殿内的石柱雕饰精美，尤其是柱头部分，由仰覆莲花、涡卷和背对背跪踞的动物图案组成。

案例解析 希腊化时期的埃及建筑

从公元前11世纪开始，古埃及日趋衰落，外来征服者不断侵入。公元前10世纪中叶，古希腊文明日趋繁荣，对地中海区域产生了广泛的影响。马其顿帝国建立后，对埃及实施了全面的占领，其将领托勒密（Ptolemy）以亚历山大为首都，建立了托勒密王朝。首都城内的建筑全面模仿希腊样式，城内的图书馆与灯塔是古典建筑的重大成就。随后随着罗马帝国的崛起，埃及并入罗马版图。此时期埃及的神庙开始逐步吸收外来建筑元素，前檐不再完全封闭，而是改为以柱列为主、下部砌筑矮墙的做法，古代神庙幽暗神秘的气氛日趋开朗。埃及南部菲莱岛（Philae Island）上以伊西斯神庙（Temple of Isis）（图11）为代表的建筑群中就出现了大量希腊与罗马化的处理手法。

11

11. 菲莱岛上的伊西斯神庙

第二节 古希腊

古希腊文明是欧洲文明的核心源泉,它所创立的许多制度与文化要素,直到今天依旧发挥着广泛的影响力。古希腊时期与其继承者古罗马时期,并称为欧洲的古典时期。

一、爱琴文明时期

早期的古希腊文明以爱琴海中的克里特岛和巴尔干半岛上的迈锡尼地区最为发达。约公元前20世纪中叶,克里特岛上的城邦文明已经十分发达,其中以米诺王(King Minos)的克诺索斯城(Knossos)最为著名。城市中最核心的建筑是克诺索斯王宫(Palace of Knossos)。(图12)王宫是一组规模庞大的多层平顶建筑。建筑群以一个院子为核心,房屋高1~4层,各房屋间通过天井、楼梯和台阶联通,内部空间非常复杂。由于爱琴海地区气候温和,因此房屋多对外开敞,室内外仅以柱列划分,房间尺度普遍不大,亲近宜人。建筑结构采用了与两河流域类似的土木混合结构。宫殿的室内装饰非常丰富。重要房间普遍绘有大幅壁画和精美纹饰,随处可见的木制小柱也富有装饰效果,柱头线脚精细,最有特色的是其上大下小的造型,仿佛要摆脱地心引力,转眼就飞腾而去。(图13)

迈锡尼文明兴盛于公元前1500年前后,是一个尚武强悍的城邦文明,现存最重要的遗址是建于一处高地之上的卫城。城市外部是巨石砌筑的城墙,内部有宫殿、住宅、仓库、陵墓等,宫殿的形制与克里特文明类似。卫城最著名的是其称为狮子门的入口。(图14)入口门洞上部有一个三角形的雕饰,一对雄狮在拱卫一根象征王权的柱子。

二、古风时期

爱琴文明衰败之后,在希腊大地上诞生了以雅典为代表的一大批小型奴隶制城邦国家。它们各自独立,但却享有共同的文化与习俗。此时希腊各地均有守护神信仰且各不相同,由此也发展出了独特的圣地文化,形成了恢宏壮丽的圣地建筑群。随着文明的发展,建筑的基本规

13
14 | 12

12. 克诺索斯王宫复原图
13. 克诺索斯王宫室内
14. 迈锡尼卫城狮子门

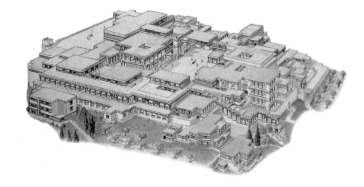

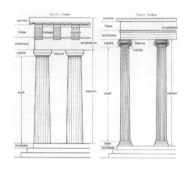

制也趋于定型，神庙成为各类建筑的核心，一般是围廊式，石砌梁柱结构。在公元前7世纪左右，神庙建筑中的石柱体系日趋规范，形成了被称为多立克（Doric）与爱奥尼（Ionic）的两种柱式（Ordo）。（图15）柱式的诞生是希腊文明对世界建筑艺术的重要贡献。通过统一的形式与比例、组合关系，柱式成为古典建筑的核心要素。多立克柱式比例粗壮，显示了男性阳刚健美的形象，是早期神庙通用的柱式，造型简洁而庄严。爱奥尼柱式则比例修长，表现了女性纤细柔美的特征，造型显得华丽端庄。

目前古风时期的圣地建筑遗存很少，以德尔斐（Delphi）地区的阿波罗神庙（Temple of Apollo）（图16）和帕艾斯图姆（Paestum）的波塞冬神庙（Temple of Poseidon）（见章前页图2）较为典型。德尔斐是传说中太阳神阿波罗发布神谕的场所，人们在公元前6至公元前4世纪在此建造了一系列的圣地建筑，其中以阿波罗神庙最为壮观。神庙由高达十余米、直径1.6米的多立克石柱支撑，气势雄浑，与周围的崇山峻岭浑然一体。波塞冬神庙建于公元前450年左右，建筑由36根粗壮有力得多立克柱支撑，整体涂饰白色，各处雕饰则分别涂以红色和蓝色，具有强烈的视觉冲击力。

三、古典时期

在公元前5世纪上半叶，以击败波斯入侵为标志，希腊文明进入古典时期，其经济与文化均达到了辉煌的顶峰。以雅典为代表的希腊城邦，在本时期进行了大量的营建活动，最典型的当属雅典卫城（Akropoli）。（图17）（图18）卫城位于一座小山之上，东西长300米，南北宽175米，城内分布有一系列的神庙与祭坛，中央广场上曾矗立有青铜雅典娜圣像。卫城建筑群中最重要，同时也最为奢华壮美的建筑是祭祀雅典娜的帕提农神庙（Temple of Parthenon）（图19），它代表了古希腊多立克柱式神庙的最高成就。帕提农神庙的主体全部采用白色大理石砌筑，前部是圣堂，供奉雅典娜圣像，后部为库房，存放国家档案和财物。多立克石柱上段的装饰带内雕饰了神话中的各类战斗场景，三角形山花内则表现了雅典娜诞生以及与波塞冬争夺雅典城保护权的故事。柱廊内的墙体上还饰有长达160米的浮雕带，表现了节日期间雅典市民向雅典娜献祭的欢庆场面。建筑整体以红蓝两色为主，局部点缀金箔，极其富丽堂皇。（图20）

15
16
17
19
18

15. 多立克与爱奥尼柱式图
16. 德尔斐的阿波罗神庙
17. 雅典卫城
18. 雅典卫城复原图
19. 帕提农神庙

卫城内的伊瑞克提翁神庙（Temple of Erechtheion）（图21）（图22）是为纪念雅典人的始祖而建，建筑风格清新秀丽，与帕提农神庙形成了鲜明对比。神庙主体采用纤细的爱奥尼柱式，各部分高低错落，显得颇为活泼，尤其是南侧的女像柱廊，更被奉为希腊古典建筑的精华。卫城山门也是建筑群中的经典作品。山门外部采用雄壮的多立克柱式，中部为方便通行加大了跨度，内部采用纤细的爱奥尼柱式，二者通过巧妙地设计，显得浑然一体。

除神庙建筑外，古典时期的纪念性建筑与公共建筑均有很大发展，同时还诞生了更加华丽的科林斯（Corinthian）柱式。位于雅典的奖杯亭（Choragic Monument of lysicrates）就是科林斯柱式的早期代表作。奖杯亭建于方形台基之上，圆形主体周围环绕六根科林斯式的倚柱。顶部为圆锥形，最上方放置有酒神节音乐赛会奖杯。位于埃比道鲁斯（Epidorus）的露天剧场是建筑与自然环境结合的典范。剧场分为舞台与观众席两部分，呈扇形分布。舞台以远处的丛林山峦为背景，观众席沿山坡而上，可容纳12000人。其音响效果极佳，观众在最后一排都可听到演员的喘息声。

四、希腊化时期

随着雅典在伯罗奔尼撒战争中的失败，以及马其顿的崛起，希腊建筑的水准与数量开始逐步下降，但其对外影响则随着马其顿的扩张而日益扩大。此时期被称为希腊化时期。

此时希腊各地的城邦制度逐步瓦解，神庙与圣地体系失去了昔日的地位，议会、市场、祭坛等公共建筑开始大量出现。雅典城内的风塔由叙利亚天文家设计，平面为八角形，顶部原设有观测风向的风标，塔体外部饰有描绘风神事迹的浮雕。建筑整体形象突破了旧有柱式的限制，显得简朴而又不失精致。（见章前页图3）

祭坛在本时期摆脱了神庙附属物的地位，发展成为一种独立的建筑形式。位于帕迦玛（Pergamon）的宙斯祭坛（Altar of Zeus）（图23）是当时最大、最华丽的作品，它创造了一种全新的建筑样式。建筑坐落于大型台基之上，主体为口字型，两翼向前伸出。基座遍施浮雕，上部为爱奥尼式的柱廊。整个祭坛几乎没有内部空间，所有空间均以开敞的柱廊构成。祭祀空间就位于祭坛中部的敞廊之内。

本时期的神庙逐步与市场、广场融合，周围廊的形式转化为了更具专制与神秘色彩的正面柱列模式。市场在此时得到了长足发展，建筑风格逐步统一。最重要的变化是出现了叠柱式的敞廊设置。如雅典市场的敞廊，主要用于商业活动。敞廊长达百余米，叠柱柱廊下部为多立克柱式，上部采用的则是轻巧的爱奥尼柱式。

20
21
22
23

20. 帕提农神庙立面复原图
21. 伊瑞克提翁神庙
22. 伊瑞克提翁神庙的女像柱廊
23. 柏林帕迦玛博物馆内复原的宙斯祭坛

　　帕提农神庙造型的和谐与优美，曾被无数人称颂。而希腊先民对比例关系与修正措施的精准掌握，是造就此种艺术效果的关键。通过对神庙尺寸数据的详细分析，可以看到帕提农神庙在平面的长宽比、圆柱底径与各圆柱中心轴线间的距离、水平檐口高度与台基宽度等方面，均存在一个 4：9 的关系，非常接近 0.618 的黄金分割比，显示了设计者对最佳视觉比例关系的熟练掌握。此外为了修正视觉变形，设计者将神庙的角柱加粗，并略微缩小角部开间。额枋与台基的中部都略微上拱，墙体有轻微收分，柱身也具有轻微的卷杀。这一切使得神庙整体显得更加稳固，同时又不失生气与弹性。（图 24）（图 25）

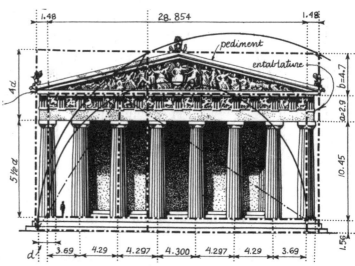

24
25

24. 帕提农神庙立面由黄金分割比产生的螺旋渐开线

25. 帕提农神庙尺度实测分析图

第三节 古罗马

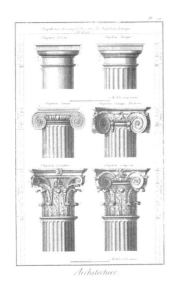

古罗马在公元前3世纪统一了意大利，随后逐渐发展成为一个环绕地中海、领土横跨欧亚非三大洲的强盛国家。古罗马各城市内的广场、神庙与公共建筑均十分发达，在技术与艺术领域取得了辉煌的成就。

一、结构技术与柱式的演化

券拱是古罗马建筑技术最突出的成就。这种革命性的结构技术进步使罗马建筑摆脱了希腊式石梁柱承重体系的束缚，大大拓展了建筑的类型与用途，为罗马发达的世俗化生活奠定了物质基础。

在柱式方面，罗马早期曾创造出一种非常简单的柱式，称为塔斯干（Toscan）柱式。在罗马全面希腊化后，为适应券拱技术的发展，罗马人对希腊柱式进行了改良，形成了券柱式的做法。这种做法将柱与券拱有机结合，形成了很好的视觉效果。为适应多层建筑的外观需要，罗马人还将希腊人发明的叠柱式进一步发展，在底层采用塔斯干或罗马多立克柱式，二层采用爱奥尼柱式，三层采用科林斯柱式，层数再增加则均采用科林斯壁柱。这种做法在罗马大角斗场（Colosseum）等建筑上得到了集中使用。此时期作为饰物的柱式日趋华丽细密，最终还诞生了一种复合柱式，即在科林斯柱头之上再加入一对爱奥尼式的涡卷，将柱式的装饰功能发挥到了极致。（图26）柱式的形制和使用也日趋规范，柱式逐步被视为建筑艺术的基础元素，并成为古典建筑最醒目的标志。

二、古罗马的世俗建筑

古罗马的世俗建筑直接反映了当时市民的生活形态，主要包括剧场、角斗场、浴场、市场、住宅和各类公共设施。剧场建筑继承了希腊时期的模式，依旧以扇形展开，舞台居中。但此时由于券拱技术的出现，观众席已不再依赖地形展开，而是直接将多层券拱架空形成所需要的坡度。

角斗场起源于共和末期，最早表演的是斗兽，后期则出现了人与人的血腥角斗。寄生于奴隶制度的大批奴隶主与游民是观众的主力。从公元前1世纪开始，各大城市陆续修建了此类设施，现今罗马城内的大角斗场是其中的典型代表。（图27）（图28）大角斗场为椭圆形，共四层，下面三层为券拱，第四层为实墙。设计者通过使用券柱式，以及充分利用虚实、明暗、方圆等视觉元素，使建筑造型既统一又富有变化。角斗场的观众区可容纳五万人，座席逐次升高，观演效果很好。观众区按等级严格区分为三个部分：荣誉席、骑士区和平民区，三区之间均保持了五米以上的高度差。设计者想通过此种措施，对权

26
27
28

26. 古典柱式演化图
27. 罗马城大角斗场外观
28. 罗马城大角斗场内景

贵实施严格的保护。角斗场通过对券拱的出色使用，很好地满足了功能需要，是古罗马建筑技术的最高成就之一。

古罗马人的社交活动与洗浴密切相关。在共和时期，各城市已开始修建公共浴场供市民使用。后期更逐步将运动场、图书馆、音乐厅、演讲厅、商店等功能组织融进浴场，形成了一类规模宏大的功能综合体。如罗马城内的卡拉卡拉浴场（Thermae of Caracalla）（图29），主体建筑中央穹顶的直径长达35米，通过对券拱体系的使用，造就了高度发达的室内空间。室内外的装饰也极为豪华，墙地面多铺设大理石板与马赛克，柱头、檐部、壁龛等多有雕饰。（见章前页图4）

三、古罗马的神庙建筑

罗马整体上继承了希腊的宗教信仰与神庙规制，但此时的神庙不再采用希腊式的回廊格局，而是转用在正面入口设立柱廊的前廊式布局。同时罗马人泛神论的信仰使其更乐于将诸神供奉于一处，由此也催生了综合性神庙建筑。

继承希腊传统的矩形神庙是罗马神庙的主流。位于叙利亚巴尔贝克（Baalbek）的神庙群建于1~3世纪，包括大庙、小庙（朱庇特庙）、圆庙（维纳斯庙）。大庙前是富有东方韵味的方形院子、六角形院子和门廊，按纵列轴线式布局排列。

罗马城内的万神庙（Pantheon）是目前保存最好的古罗马建筑，是罗马穹顶技术最高成就的代表。（图30）万神庙始建于屋大维（Gaius Julius Caesar Octavianus）时期，是一座希腊式的矩形神庙，后被焚毁。在哈德良（Publius Aelius Traianus Hadrianus）皇帝执政时期，将其早期残迹改造为庙宇门廊，然后在其后面修建了一座采用穹顶覆盖的集中式布局庙宇，最终形成了现有的格局。万神庙主体为圆形，穹顶直径为43米，高度亦为43米。中央开有一个直径为8.9米的圆洞，天光自此下泄，照亮空阔的半球形空间，充分渲染了神秘庄严的宗教氛围。穹顶外部原附有镀金铜瓦，后改为铅瓦。

作为古罗马建筑中跨度最大的穹顶，减轻自重是一个难题。为此，万神庙在技术上采取了很多先进措施，比如中央开孔、穹顶厚度自底部至上部逐渐变薄、内部设置壁龛等。在艺术处理上，万神庙也是极其成功范例。圆形的内部空间单一纯粹，同时又开朗庄严。穹顶上环形分布的壁龛每层数量一致，面积逐层缩小，给人以强烈的升腾感。龛内装饰有镀金铜花，在深色墙面的映衬下显得非常华丽。旧有的门廊重建时采用了灰色的花岗石，配以包裹金箔的铜质大门，同样华丽夺目。万神庙的形象自文艺复兴时期就被奉为典范，圆形主体加柱廊的手法更被广泛运用到了各类公共建筑中。（图31）

四、古罗马的政治与纪念性建筑

古罗马共和时期的政治与纪念性建筑相对较少，城市广场是最主要的类型。在广场中，一般分布有各类庙宇、政府大厦、演讲台，甚

29
30
31

29. 卡拉卡拉浴场复原模型
30. 罗马万神庙外景
31. 罗马万神庙内景

至还有各类商业设施，实质上是一个政治、经济、文化的综合体。如罗马城中的罗曼努姆广场（Forum Romanum），采用自由开放格局，内部设有元老院、被称为巴西利卡（Basilica）的议事集会大厅以及部分商业设施。帝国时期的广场则发生了很大变化，此时其已成为皇帝个人的纪念物，由此变得日益规整、封闭，并形成了以祭祀皇帝的庙宇为中心的格局。

此外，帝国时期的广场由于历代增建，逐渐形成了一个广场群，其内包括了凯撒广场（Forum Caesar）、奥古斯都广场（Forum Augustus）、图拉真广场（Forum Trajan）等。（图32）每个广场均是以皇帝庙为核心的中轴对称格局。图拉真是帝国时期最强势的皇帝之一，他吸取东方文化中礼制仪式的要素，建立了全罗马最为宏大的广场。广场严格遵循中轴对称布局，而且采用了前所未有的多进纵深布局，包括凯旋门样式的大门、图拉真家族巴西利卡、图拉真记功柱和图拉真庙等。其中图拉真记功柱最具特色，柱式采用罗马多立克式，柱身由白色大理石砌筑而成，内部中空，可以拾级而上直达柱顶。柱身上有全长二百余米的浮雕，记述了图拉真远征异域的战功。柱顶为图拉真全身像（1588年改为圣彼得像）。这种立柱记功的做法打开了欧洲纪念性建筑的新篇章，在后期被广泛沿用。（图33）

凯旋门是帝国时期创造的又一种新型纪念建筑，也是为炫耀武功、纪念战争胜利而建，其样式在随后的数千年间被历代统治者所效仿、学习。凯旋门的立面采用方形构图，纵向分为三部分，基座上部为券柱式主体，最上方为女儿墙。横向除少数为单开间外，一般为三开间，每间设一座券拱，中间一间略宽，券拱高度也最高。门洞与女儿墙上遍布各类歌功颂德的雕饰。罗马城内的君士坦丁凯旋门（Arch of Constantine）是其中的典型。（图34）该凯旋门始建于312年，是现存最完整，也是最雄伟的一座凯旋门。建于81年的替度斯凯旋门（Arch of Titus）则是单开间凯旋门的典型。（图35）

32 |
33 |
35 |
| 34

32. 奥古斯都广场复原图
33. 图拉真记功柱
34. 君士坦丁凯旋门
35. 替度斯凯旋门

古罗马的建筑学著述相当丰富，但留存至今的仅有奥古斯都时代的军事工程师维特鲁威（Marcus Vitruvius Pollio）所著的《建筑十书》（De Architectvra libri decem）。（图36）此书分为十卷，包括建筑师的修养与教育、建筑构图的一般法则、柱式、城市规划与建筑设计原理、建筑材料、施工技术与机械等内容。它所记述的内容奠定了欧洲建筑科学的基本体系，时至今日依旧十分有效。书中系统总结了希腊及罗马早期的建筑实践经验，上至建筑选址，下至材料配制，均详细准确。全书基本没有受到玄学或神学的影响，对各种技术问题大都作出了符合当时科学水平的解释。此书的缺点主要体现在为迎合奥古斯都的复古主义倾向，未能有效记述先进的券拱与混凝土技术，并对其刻意加以贬低。此外，本书对柱式的规定也过于苛刻细密。

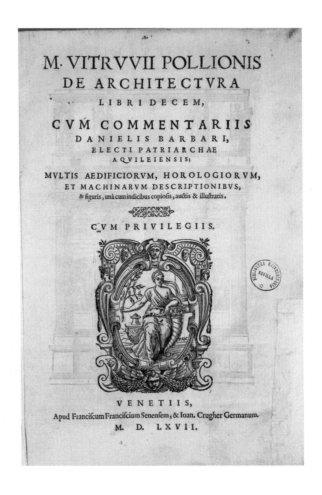

36

36.《建筑十书》封面

第四节 朝鲜半岛与日本

　　朝鲜半岛与日本是中国的近邻，其古代建筑无论是平面布局、结构、造型抑或是装饰，均深受中国的影响。同时基于地域文化的差异性，其建筑体系也有着鲜明的本土特色。

一、新罗、高丽与朝鲜建筑

　　朝鲜半岛，尤其是其北部区域，在历史上曾长期处于中国中原政权或边疆政权的统辖之下，故而其建筑形制与同时期内地的建筑非常接近。如平壤地区高句丽时代的双楹冢和天王地神冢，其构造就类同于东汉至南北朝时期的中原墓葬。

　　新罗政权时期的庆州佛国寺（Pulguksa Temple）（图37），其形制与唐代寺院类似，均是周围廊式，中心为金堂，金堂左右有双塔对峙。在10世纪的高丽政权时期，佛寺建筑在中国晚唐至宋代风格的影响下，逐步趋于柔美富丽。如荣州浮石寺无量寿殿（Pusoksa）（图38），整体造型显得纤细精致。14世纪李氏朝鲜建立后，独尊儒学，宗教势力受到很大打击，自此之后朝鲜建筑的主要成就转向了城市与宫室建筑。朝鲜建国初年，就在今开城、平壤、首尔等处兴修城市，目前尚有开城南大门、平壤普通门、首尔南大门等处遗存。朝鲜半岛多山地丘陵，利用地形，同自然环境融合是宫室营建的一大特点。目前尚存的宫室建筑以首尔北部的景福宫（Gyongbokkung）最为典型。（图39）景福宫建筑群初建于1394年，后于1870年重建，重建保持了旧有的格局。建筑整体布局袭自中原王朝，分为左中右三路，中路是前朝后寝格局，最后侧为御苑。内部殿宇布置采用了三殿并列和工字殿的格局，显示了元代宫室建筑对朝鲜半岛的影响。宫内正殿为勤政殿，形制与明代王府类似，面阔五开间，重檐歇山形式，体现了李氏朝鲜作为中原王朝藩属的身份。

二、日本神社与神宫

　　神道教是日本列岛内的原生宗教，其祭祀场所称为神社。神社建筑的样式称为"神明造"，原型来自常见的居住建筑，正殿称为本宫，是木

37 |
39 | 38

37. 庆州佛国寺
38. 荣州浮石寺无量寿殿
39. 景福宫正殿勤政殿

结构矩形两坡顶悬山样式。建筑屋身均以架空方式置于地面一米以上。入口处设窄小陡峭的木梯，出入者需踮脚蹑足而行，由此也彰显了神社庄严肃穆的气氛。入口处一般还会设一牌坊，形制多为一对立柱上置一横木，名为"鸟居"（Torii）。

神社建筑中最重要的是三重县的伊势神宫（Naign Shrine, Ise）。神宫建于500年左右，位于海滨密林之中，分为内外二宫。建筑主体为神明造，木结构加工精致，建筑外观非常素雅柔和。依据7世纪天武天皇的规定，伊势神宫有每20年异地重建一次的制度，称为"式年造替"。目前所见的伊势神宫就是这种制度下的产物。这种制度有效地保护传承了古老的宗教祭祀制度和建筑技艺与习俗，是日本建筑文化中最具特色的一个现象。（图40）

7世纪前后，随着中国佛教建筑的传入，神社也出现了类似佛寺建筑的样式，并逐步成为后期神社的主流。京都北野神社初建于947年，分为前部拜殿和后部本殿，基本样式均是中国式，现存建筑为17世纪重建。严岛神社是日本神社中与自然环境紧密结合的典范。它的大部分建筑坐落于海滨，涨潮时宛若浮于水面，鸟居更直接立于水中。该神社也因此成为当地的标志性建筑。（图41）

三、日本的佛教建筑

6世纪前后，陆续有来自朝鲜半岛的工匠进入日本，帮助修建佛寺，由此也带来了源自中国的建筑技术。此时期一般被称为飞鸟时代。至隋唐之际，更有直接来自中国的工匠参与建筑修造，此时期则被称为日本的奈良时代。通过此类交流，日本早期佛寺的基本风貌得以逐步奠定。

奈良法隆寺与大阪四天王寺是飞鸟时代的典型遗存，其建筑形制主要源于中国的南北朝时期。四天王寺的现存建筑为"二战"后复建，但仍保持了早期的建筑特征。四天王寺山门的梭柱、中门与金堂的两段式歇山屋顶均是中国南北朝时期的典型做法。（图42）法隆寺是目前日本现存最早的木结构建筑，其中以五重塔与金堂最为典型。五重塔为木结构方形塔心柱式，底层供奉佛像，上层不可登临，大体反映了中国南北朝时期南朝纯木结构塔的风貌。（图43）

奈良时代的建筑直接源于中国唐代，形制较前一时期规范很多，与中国国内现存唐代建筑颇为接近。奈良唐招提寺是759年由东渡日本的中国高僧鉴真主持修造，建筑结构简明清晰，装饰朴素，反映了盛唐时期大型木结构建筑的风貌。（图44）

10世纪后，天皇权威衰落，地方割据势力日益扩张，社会趋于动荡不安。崇信极乐世界、祈求解脱遂成为一时的风尚，由此也使得阿弥陀佛信仰日渐兴盛，并带动了大批阿弥陀堂的兴建。1053年兴建的京都平等院凤凰堂（Hoodo Pavilion of the Byodo-in）就是最杰出的阿弥陀堂作品。建筑三面环水，正殿单檐歇山顶，两厢与正殿以敞廊连接，整体造型宛如凤凰展翅，故得名凤凰堂。建筑装饰极尽奢华之能，大量使用金饰、透雕、螺钿、彩绘等手段。（图45）

13至14世纪，日本陆续引入了多种中国地方建筑做法，如被称为唐

40
41
42
43

40. 伊势神宫内宫正殿
41. 严岛神社
42. 大阪四天王寺中门与五重塔
43. 奈良法隆寺金堂与五重塔

式的宋代江浙地区做法、被称为天竺式的闽浙地区做法，造就了诸如奈良东大寺（Todaiji Temple）山门等作品。（见章前页图5）同时还在奈良时代唐风建筑的基础上加入民族元素，形成了和式做法。14至16世纪最重要的建筑作品首推足利义满在京都修建的金阁寺（Kinkakuji Temple）。（图46）主体建筑临湖而建，为三层方形楼阁，上两层屋顶全部铺以金箔，十分奢华。17世纪后，随着佛教的日趋世俗化，出现了京都清水寺（Kiyomizu Temple）本堂（图47）、奈良东大寺金堂等一系列建筑。此时佛寺的神圣性日渐消退，逐步蜕变为大众祈愿、游赏的场所。

四、城市、宫室与园林

日本早期的城市与宫室均已毁灭无存。7世纪之前日本曾修建过难波京、藤原京两个都城，在全面学习唐文化后，又修建了平城京与平安京。平城京即今奈良，城市规制完全模仿隋唐长安，只不过尺度缩小不少。中央为朱雀大街，东西分设东西市。朱雀大街北端为宫城，核心建筑亦称为太极殿。平安京距平城京仅42千米，城市规划与平城京类似，朝议部分的建筑均为唐代样式，用金色鸱尾、绿琉璃瓦、红漆柱，显得富丽堂皇。后寝部分则保持了日本建筑朴素淡雅的特征。14世纪日本皇宫迁移至京都的一处离宫，即现今的京都御所。这座建筑体现了明显的日本民族风格，即使是核心性殿宇，也依旧保持了质朴的样式。16世纪后，随着日本文化倾慕自然潮流的兴起，宫室内出现了模仿田园意蕴的居室与茶舍，更将质朴自然的风格推向高潮。

住宅与园林是最具日本文化特色的部分。这类建筑受到禅宗与茶道的深刻影响，大都表现出简约质朴的风格，但少数贵族府邸内也有非常华丽的装饰出现。最典型的当属兴起于15世纪中叶，专用于茶道的草庵风茶室和模仿田园风情的数寄屋风府邸，而后者就是现代和风住宅的前身。日本园林最早习自中国，早期皇城内多有类似中土的自由布局式园林。此类园林传入禅宗寺庙后，与禅宗淡泊出世的情怀、冥想自悟的修行相结合，形成了名为"枯山水"的写意式园林。典型者如京都龙安寺（Ryoanji Temple）和大德寺（Daitokuji Temple）。（图48）此类园林以石块象征山峦，以白沙象征湖海，以沙面的曲线象征波涛，只以少量植物点缀其间，给观者以无限的想象空间和哲学意蕴。

44	
46	
47	
48	45

44. 奈良唐招提寺
45. 平等院凤凰堂
46. 金阁寺
47. 京都清水寺本堂
48. 京都大德寺龙源院枯山水

案例解析 特殊的小城——天守阁

　　16世纪末，日本各地藩主纷纷开始修建一种称为天守阁的建筑。此种小城以防卫为主要功能，多建于小山丘或砌筑的高台之上。主体以木结构为主，多层楼阁造型，内部广设防卫屯兵设施，在主体外围还设有多道城墙、壕沟。1576年建成的安土城天守阁是第一座大型多层天守，内部为七层，高达30米。现存的天守阁以姬路城与名古屋两处的最为出色。姬路城中央的大天守高33米，外观五层，内部六层，外部刷为白色，故又名白鹭城。在大天守外围，还有三座小天守与其呈掎角之势，四者间有各类回廊、土墙连接，防卫十分严密。在造型艺术上，天守阁通过强调色彩对比，使用腰檐、曲线造型的山花以及悬鱼等饰物，外观十分壮美华丽。（图49）（图50）

49 | 50

49. 大阪城天守阁
50. 姬路城天守阁

第五节 伊斯兰世界、印度、东南亚与美洲

自7世纪中叶起,信奉伊斯兰教的阿拉伯人逐渐征服了西至西班牙、东至中亚的辽阔地域,形成了多种不同风格的伊斯兰教建筑,其中最重要的当属中亚和印度地区。印度及东南亚地区除伊斯兰教外,以婆罗门教与佛教最具影响力。美洲地区的玛雅(Maya)、阿兹特克(Aztec)及印加(Inca)文明也创造了辉煌的建筑文化。

一、中东至中亚的伊斯兰教建筑

当伊斯兰教兴起于中东地区时,自身并无固有的建筑形式,往往直接将基督教堂改为清真寺。但因为穆斯林礼拜时需面向麦加方向,也就是南方,所以穆斯林将东西走向的巴西利卡式教堂改为横向使用。此后这种进深小、面阔大的礼拜殿模式被各地伊斯兰教建筑所继承,成为通行做法。西亚地区受到罗马帝国建筑技术的影响,各类集中式穹顶建筑多有出现。伊斯兰教也吸收了此种做法,将其作为纪念性建筑的典型形式予以使用。耶路撒冷城内为纪念穆罕默德升天而建的圣石寺(Dome of the Rock)就是这种样式。(图51)

土耳其地处欧亚交界处,其建筑体系源自拜占庭帝国,奥斯曼帝国灭亡拜占庭后,直接搬用了东正教教堂的集中式布局,除了将圣索菲亚大教堂(Hagia Sophia Church)改为清真寺外(图52),还模仿其形制,建造了若干类似的大型清真寺。最著名的当属伊斯坦布尔城内的赛沙德清真寺(Sehzade Mosque)、苏里曼耶清真寺(Suleimaiye Mosque)和苏丹艾哈迈德清真寺(Sultan Ahmed Mosque)。苏里曼耶清真寺以直径 24.6 米的中央穹顶为核心,外围环绕四座尖锐高直的光塔,外观较圣索菲亚大教堂要紧凑轻快许多。苏丹艾哈迈德清真寺则在中央穹顶外围布置了六座光塔,显得与众不同。(图53)这种高耸细长的光塔也成为土耳其伊斯

51 | 53 | 52

51. 耶路撒冷圣石寺
52. 伊斯坦布尔圣索菲亚大教堂
53. 伊斯坦布尔苏丹艾哈迈德清真寺

兰教建筑的最大特色。

中亚地区的集中式布局纪念性建筑代表了当地伊斯兰教建筑的最高成就。此类建筑一般为帝王或圣徒陵墓，形象多为方形或多边形基座上置圆形穹顶。撒马尔罕的帖木儿墓（Mausoleum Gor-Emir）（图54）墓室主体高35米，由八角形的基座、圆筒形鼓座和鼓座之上葱头状的穹顶构成。穹顶造型圆润，密布圆形棱线，外轮廓微微凸出鼓座，充分彰显了穹顶的饱满与张力。建筑外表通体装饰琉璃砖，各色拼花密布其间，非常华丽炫目。

二、印度伊斯兰教建筑

伊斯兰教征服印度次大陆后，对当地建筑风格产生了重大影响。莫卧儿王朝时期是印度伊斯兰教建筑最辉煌的时期。位于比贾布尔（Bijapur）的哥尔-艮巴士墓（Gol Gumbaz）（图55）是一座方形基座上置穹顶的集中式陵墓建筑，方形基座的四角是四座八角形的塔，中央穹顶跨度达38米，是世界建筑史上最大的穹顶之一。

泰姬玛哈尔陵是莫卧儿王朝的沙·贾汗皇帝（Shah Jehan）为其爱妃蒙泰姬（Mumtaji）所建的陵墓。除使用本国工匠外，沙·贾汗还聘请了土耳其、伊朗及中亚地区的技术人员。泰姬玛哈尔陵堪称伊斯兰建筑的集大成者，是世界古典建筑中最美丽的作品之一。在此之前，莫卧儿王朝建筑师在吸收中亚做法的基础上，形成了独特的风格，创造了以胡马雍陵（Mausoleum of Humayun）为代表的陵墓样式（图56），到泰姬玛哈尔陵，这种建筑形式已发展到了最成熟的阶段。

泰姬玛哈尔陵是一组建筑群，采用了严格的中轴对称格局。入口处为一小院，第二道门比较高大，是一个集中式穹顶建筑。进入后是一个由十字形水渠分为四块的大草地，水渠四臂分别代表了《古兰经》中天国内的水、乳、酒、蜜四条河，体现了传统伊斯兰园林的主旨。草地后侧是高达5.5米的白色大理石台基，台基四角各耸立有一座圆塔，中心是抹角正方形的陵墓主体，上置顶高61米的中央穹顶和四个小型穹顶。泰姬玛哈尔陵成功地突破了旧有的陵园样式，将陵墓主体推至园林最后端，

54	57
55
56
58

54. 撒马尔罕帖木儿墓
55. 哥尔-艮巴士墓
56. 胡马雍陵
57. 泰姬玛哈尔陵
58. 泰姬玛哈尔陵室内

有效地增加了观看距离。在蓝天绿地的映衬下，白色的建筑主体显得异常突出。陵墓细部装饰也非常华丽，大都由各色大理石镶嵌而成，重要地方还会镶嵌宝石。窗棂与大厅内的屏风均为透雕大理石板，工艺精美异常。（图57）（图58）

三、印度东南亚的佛教与婆罗门建筑及美洲建筑

公元前3世纪，佛教在阿育王（Asoka）的大力弘扬下，留下了以窣堵坡（Stupa）和僧院建筑为主的大量遗迹。窣堵坡是掩埋佛陀和圣徒骸骨的建筑，桑奇（Sanchi）大窣堵坡是早期窣堵坡的典型（图 59），建筑为半球形砖砌，外表贴红砂岩，立于圆形的台基之上。半球顶部建有小亭，内藏圣骸，小亭上部是三层伞盖。窣堵坡以半球形象征天宇，同时作为佛的象征，由此也成为佛教徒的崇拜物。窣堵坡外围有小径环绕，供信众围绕其诵经瞻礼。

早期佛教石窟一般分为供僧人居住的毗诃罗窟（Vihara）和供奉窣堵坡、举行宗教仪式的支提窟（Chaitya）。毗诃罗窟一般为一个方形中庭，三面环绕着供僧人起居修行的方形小窟洞。支提窟多为条状，内部两侧设柱廊，尽端为圆形，中间供奉窣堵坡。窟内装饰早期较为简单，但后期日益繁密，典型者如阿旃陀石窟。（图60）佛教传入东南亚后，其建筑样式产生了不少变化。如窣堵坡在保持覆钵形塔身的同时，多有圆锥形的尖锐塔顶出现，同时按照佛教的须弥山布局，在大塔周围往往有四座小塔，用来象征四大部洲。

婆罗门教自10世纪起在南亚地区建造了大量寺庙。寺庙的整体形制参照了世俗集会建筑和佛教建筑，最大的特征是建筑本身就被视为一种偶像崇拜物，其上遍布雕饰，看起来宛如一件雕塑作品。柬埔寨的吴哥窟是现存规模最大的婆罗门教庙宇建筑。建筑群东西走向，以三层围廊环绕中心庙宇构成，总面积近两平方千米。建筑大都遵循须弥山模式，以一大四小五座佛塔并立，形成"庙山"格局，外部挖掘壕沟注水，象征大海。（图61）

美洲早期文明曾创造了辉煌的土石结构建筑文化，但在西班牙殖民者的疯狂破坏下，已损失殆尽。中美洲地区的玛雅与阿兹特克文明建造了大量的城市与宗教建筑，以蒂卡尔城（Tikal）、奇琴伊察城（Chichen Itza）最为著名。（图62）南美地区的印加帝国面积广大，首都库斯科（Guzco）和马丘比丘（Machu Picchu）城堡是现存最完整的建筑遗迹。

59
60
62
61

59. 桑奇大窣堵坡
60. 阿旃陀石窟中的支提窟
61. 吴哥窟
62. 奇琴伊察城内的卡斯蒂略金字塔

案例解析 南亚的木结构宗教建筑

南亚地区现存的宗教建筑以石质为主，但在尼泊尔地区，存在着一种被称为什喀拉式（Shikhara Style）的木结构宗教建筑，以坐落于巴坦（Patan）和巴德冈（Bhadgaon）两座城市内的达巴广场（Durbar Square）上的实例最为典型。此类建筑属于婆罗门教建筑，一般为方形平面的楼阁，上有2~4层重檐。檐部出檐深远，平直无起翘，结构重量由下部雕饰精美的斜撑支撑。顶部为攒尖造型，中央安置鎏金覆钟和相轮。这种建筑与中国四川汉代画像砖上的建筑形制颇为类似，同时也可在阿旃陀石窟的部分壁画中找到类似的木结构建筑原型。此外，据法显《佛国记》和玄奘《大唐西域记》记载，在印度地区均有类似中原木结构或石仿木结构的佛塔存在，凡此种种都反映了早期地域文化交流的成果。（图63）（图64）

63
—
64

63. 巴坦城达巴广场上的木结构建筑
64. 什喀拉式建筑的木制斜撑

第二章
欧洲中世纪至18世纪建筑

395年，罗马帝国正式分裂为东西两部分，以君士坦丁堡为首都的东罗马帝国被后世称为拜占庭帝国。拜占庭帝国继承了罗马建筑的传统，并吸收了大量的东方文化元素，形成了独具特色的拜占庭风格。479年西罗马帝国覆灭，西欧地区陷入长期的混乱与分裂，古罗马时期的艺术与技术积累丧失殆尽。自9世纪末至12世纪，各地的局势开始稳定下来，逐步形成了具有地域特色的建筑样式，被称为罗马风或罗曼建筑（Romanesque Architecture）。12世纪后，西欧封建城市经济日渐发达，建筑营建也盛极一时。文艺复兴时期的学者将此类建筑视为落后与野蛮的象征，将其蔑称为哥特建筑（Gothic）。但事实上，中世纪以教堂为代表的哥特式建筑无论是艺术还是技术，均取得了辉煌的成就，丝毫不逊于文艺复兴时期。

13~14世纪，随着资本主义经济萌芽的出现，代表新兴资产阶级利益的知识分子掀起了一股以"复兴"古典文化为口号，以帮助资产阶级掌握权力、瓦解教会专制与封建统治为目标的全面运动。在建筑领域，通过颂扬人文主义思想，将古典建筑元素与时代需求相融合，形成了全新的文艺复兴风格建筑（Renaissance）。文艺复兴运动晚期，伴随着罗马教廷势力的不断扩张，教皇与教士日益变得爱好财富与享乐，热衷于炫耀。同时为对抗蓬勃发展的宗教改革运动，教廷愈发狂热地宣扬耶稣神迹，集中各种手段突出教堂及圣坛的至高地位，企图以华丽炫目的装饰来营造一种超凡的、充满宗教神秘感的幻境。在这种大背景下，以意大利为中心，诞生了一种极富装饰性的新艺术风格，即"巴洛克"（Baroque）风格。

与意大利的巴洛克风格大致同时，在法国及西欧地区流行着一种被称为古典主义（Classicism）的建筑样式。古典主义风格是资产阶级与封建王权相结合的产物，在路易十四执政时期发展到顶峰，随后在启蒙主义的冲击下逐步衰退。古典主义风格形成了完备的理论与手法，17世纪末至18世纪初在世界范围内产生广泛影响，成为宫廷建筑、纪念建筑以及大型公共建筑的首选样式。与此同时，法国本身的王权专制政体却出现了很大的危机，权贵人物不再热衷于前往凡尔赛投机钻营，他们宁愿在巴黎营造府邸，享受奢靡的生活。此时庄严宏大的古典主义风格已不再被世人所需要，人们喜爱的是纵情逍遥、柔美奢靡的生活情调，由此诞生了具有浓厚的末世放纵色彩的洛可可（Rococo）风格。

第一节 拜占庭建筑

拜占庭在城市建设与宗教建筑上取得了辉煌的成就，对希腊、东欧和俄罗斯地区产生了深远影响，同时也对文艺复兴初期的欧洲建筑产生了重要的推动作用。

一、城市与建筑技艺

君士坦丁堡位于欧亚大陆交界处，城市建设深受罗马帝国影响，在整体规划与建筑风格上都极力模仿罗马城。城市以君士坦丁广场为中心，环绕布置了元老院、议会等大批公共建筑。城内与罗马城类似，同样设有竞技场、浴场等设施。

拜占庭在继承罗马帝国技术传统的同时，也有所创新，最典型的就是集中式教堂的建设。早期罗马帝国的教堂均采用巴西利卡式，但5~6世纪时，东正教日益重视教徒间的亲密关系与交流，由此具有明显向心性和平等性的集中式穹顶布局得到了越来越多的使用。拜占庭时期还发明了帆拱（Pendentive）的做法（图1），彻底解决了在方形主体上加筑圆形穹顶的技术难题。后期又在穹顶与主体之间加入了圆柱形的鼓座，使穹顶更加饱满突出。这种主体、鼓座、穹顶三位一体的处理手法自中世纪后被欧洲建筑广泛学习和使用。此外，与万神庙等早期建筑的穹顶相比，拜占庭穹顶因为有帆拱的支撑，穹顶下方已不再需要砌筑连续的圆形墙体，方形的平面大大增加了空间的灵活性，同时穹顶本身在室内外也形成了突出的集中式形象。

拜占庭建筑由于多采用表面粗糙的砖或混凝土材料，为美观起见，大面积的墙面多用彩色大理石铺砌镶嵌，小面积或曲面上则采用马赛克镶嵌或粉画装饰。马赛克镶嵌在古希腊晚期已相当流行，拜占庭马赛克画通常以沉稳的蓝色为底色，上面再镶嵌小型半透明的彩色玻璃块。至6世纪后，还有在马赛克上贴金箔装饰的做法，粉画则多用于较次要的部位。（图2）

二、圣索菲亚大教堂

圣索菲亚大教堂是拜占庭帝国集中式布局教堂的巅峰之作。教堂采用了成熟的穹顶技术和希腊十字布局，是东正教的中心教堂，同时也是皇帝举行重要典礼的场所。

所谓希腊十字布局，是拜占庭建筑师的一大创造。在使用帆拱的穹顶技术出现后，为抵抗穹顶产生的侧推力，设计师在方形主体外部增加了四个筒形拱券用以支撑，这样就形成了一个等长的十字形格局，后世称其为希腊十字布局。后期又在十字的四角上继续增加小型拱券，用以分散四个筒形拱券的受力，增加结构的稳固性。这样就形

1. 拜占庭的帆拱技术图
2. 拜占庭马赛克壁画

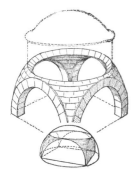

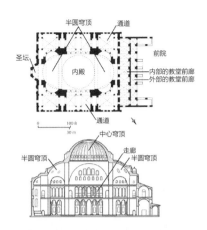

3. 圣索菲亚大教堂平面与剖面图
4. 圣索菲亚大教堂马赛克壁画
5. 圣索菲亚大教堂室内

成了以十字为主体的九宫格布局。这种做法随后被欧洲与俄罗斯等地广泛模仿，催生了一大批优秀的集中式布局教堂。

圣索菲亚大教堂建成于6世纪中期，矩形的内殿上方是直径为32.6米的大穹顶。四边采用了半球形穹顶来分散大穹顶的侧推力，四角则由更小的半圆穹顶予以支撑。建筑整体方圆结合，非常饱满端庄。教堂的室内空间在继承希腊十字布局的基础上有所变化，将南北两臂以柱廊分割开来，突出了东西向的礼拜空间。（图3）室内装饰上，墙墩、墙面与立柱采用各色大理石贴面，镶嵌金箔。穹顶与拱顶以马赛克装饰，大部分均铺有金色的衬底。（图4）地面也以马赛克装饰，室内重要部分还饰有包金的铜箍，装饰效果可谓炫人耳目，夺人心魄。（图5）在1453年奥斯曼帝国攻占君士坦丁堡后，大教堂被改建为清真寺，在建筑四角增建了四座尖塔。随后出于宗教信仰的原因，教堂室内也大加改动，如原有的壁画与装饰多被灰浆覆盖，基督圣像以古兰经经文代替，最终形成了现今的形象。

三、欧洲与俄罗斯的集中式教堂

拜占庭帝国自建成圣索菲亚大教堂后，国力江河日下，大型营建活动也日渐稀少。但在中东欧与俄罗斯地区，集中式布局教堂此时却得到了很大发展。

威尼斯圣马可大教堂（Basilica Cattedrale Patriarcale di San Marco）的主体建成于1094年。（图6）教堂造型以中央半球形穹顶为核心，在十字四臂处分别安置了四个小穹顶。正立面以彩色大理石、马赛克和壁画作为装饰，具有明显的拜占庭风格。细部装饰大量使用贴金的雕饰，具有浓烈的人文气息与乐生意蕴，非常富丽堂皇。特别是祭坛后部镶嵌宝石的黄金屏风，更是拜占庭工艺的杰出代表。（图7）

希腊以及东欧地区的拜占庭式教堂在发展过程中穹顶造型日渐饱满，鼓座部分也高高升起，形成了突出的垂直轴线关系。如11世纪初完成的基辅圣索菲亚大教堂（Church of St. Sophia），就是以一个饱满的大穹顶为中心，周围围绕12个小穹顶，室内按拜占庭模式使用了马赛克与粉画装饰。12世纪时以俄罗斯为代表的斯拉夫人在承袭希腊十字布局的基础上，进一步对穹顶造型加以夸张，形成了被戏称为"洋葱头"的战盔式穹顶。这种形象突出、十分圆润饱满的造型最终成为东正教教堂的典型样式。基辅圣母升天大教堂（Assumption Cathedral）的建成，标志着此类风格的初步形成。（图8）14世纪以华西里·伯拉仁内大教堂（Saint Basil's Cathedral）为代表的教堂建筑群则将这种风格推向了高潮，充分体现了俄罗斯民族的建筑风格。（图9）

7   6
8
     9

6. 威尼斯圣马可大教堂
7. 圣马可大教堂黄金屏风细部
8. 基辅圣母升天大教堂
9. 莫斯科华西里·伯拉仁内大教堂

案例解析 克里姆林宫广场的教堂建筑群

克里姆林宫（Kremlin Palace）是历代俄国沙皇的核心宫殿。目前所见建筑主要完成于 15 世纪。在周长两千多米的宫墙内，分布着多座典型的俄罗斯风格东正教教堂。最巍峨壮观的是 15 世纪后期完成的圣母升天大教堂（Dormition Cathedral），这里是历代沙皇加冕的地方。（图 10）圣母领报大教堂（Annunciation Cathedral）造型奇特，由中央穹顶和外围八个小穹顶构成，早期曾是沙皇的私人小教堂，也是历代皇族子孙进行洗礼与婚礼的地方。（图 11）天使长大教堂（Archangel Michael Cathedral）是彼得大帝之前莫斯科公国历任大公的墓地。圣母法衣存放教堂（Church of the Deposition of the Robe）则是后期沙皇的个人教堂。这些教堂鳞次栉比，器宇轩昂，充分体现了俄罗斯宗教建筑的成就。

10 | 11

10. 克里姆林宫圣母升天大教堂
11. 克里姆林宫圣母领报大教堂

第二节 罗马风与哥特式建筑

一、罗马风建筑

9至12世纪，是欧洲中世纪建筑的萌发期。此时期的建筑是以古罗马建筑为模仿对象，但实际上，此时的建筑仅仅是吸收了部分罗马建筑元素，无论是数量还是质量均无法与罗马帝国时期的辉煌成就相提并论。但罗马风建筑也有其积极进步之处——通过对结构技术的探索，罗马风建筑进一步发展了拱券技术，为后期哥特式教堂的发展奠定了基础。在建筑空间上，罗马风建筑在巴西利卡的基础上发展出了东西向较长、南北向较短的十字布局。这种被称为拉丁十字的教堂布局在随后的数百年内得到了广泛运用，被奉为最正统的教堂空间布局模式。

意大利比萨大教堂（Pisa Cathedral）是罗马风建筑中为数不多的轻灵精美之作。（图12）教堂由拉丁十字式的大教堂、圆形的浸礼堂，以及俗称为比萨斜塔的圆柱形钟楼组成。三座建筑的建成年代相差两百余年，但在建筑师的精心设计下，整体风格非常和谐统一。三座建筑均以悦目的白色大理石作为主要用材，在其上以彩色大理石勾勒出水平线与细部轮廓，显示了拜占庭风格的影响。在建筑物外表广泛使用半圆形的连列券柱，有效地统一了整体形象。大教堂的屋顶已开始使用砖石拱券屋顶，相较于早期罗马巴西利卡的木桁架屋顶，是一个重要的进步。钟楼位于大教堂东侧，这种钟楼与教堂主体分立的做法是意大利教堂的典型样式。钟楼建造时由于当地土质松软，钟楼本身基础深度也不足，因此在盖至第三层时就已发生倾斜，至建成时，顶部已偏离垂直中心线达2.1米，由此形成了当今的"斜塔"。

在西欧地区，罗马风建筑也有很多杰出的作品，如法国卡昂的圣埃提安教堂（St. Etienne Abbey），其内部的拱券结构取得了明显的进步，从早期罗马式的半圆形十字拱演变为了尖券式肋形六分拱，并出现了初步的飞扶壁做法。此时的工匠对拱顶力学原理有了更精确的认识，并通过肋形六分拱和飞扶壁的使用，有效地降低了拱顶自重，增强了其承载能力，为后期哥特式拱券的出现奠定了基础。此外如德国

12

12. 比萨大教堂建筑群鸟瞰图

沃尔姆斯大教堂（Dom Worms）（图13）、英国达拉谟大教堂（The Cathedral Church of Durham）（见章前页图1）等都是罗马风建筑的典型代表。

二、哥特式建筑的特点

哥特式建筑源于11世纪的法国。此时法国全社会弥漫着浓厚的宗教狂热情绪，教会也努力使教堂建筑更加具有震撼力，因此极力强调建筑的升腾感与神秘气氛，以图更好地赢得信众，在罗马风建筑上发展起来的哥特式风格由此也得到了广泛运用。成熟阶段的哥特式教堂，从细部到整体的风格获得了高度统一，其中俊秀、轻灵的肋拱体系在发挥结构作用的同时，也成为重要的装饰元素，充分体现了艺术、技术与神学、美学的完美结合，典型者如意大利的米兰大教堂（Milan Cathedral）。（图14）通过框架式肋拱体系的使用，教堂建筑成功地摆脱了承重墙的束缚，在外部造型极力追求高耸、跃动气氛的同时，内部空间也发生了很大变化，室内的大片墙面被绘画、窗户所代替。辉煌的圣像、高耸的尖券，再加上透过五彩玻璃窗投射进来的瑰丽光彩，宗教的神秘感与神圣性被渲染得淋漓尽致（图15），典型者如法国的圣丹尼斯大教堂（Cathédrale Saint-Denis）。

三、法国哥特式建筑

位于巴黎市郊的圣丹尼斯大教堂是现存最早的哥特式教堂，其已开始使用尖形拱券和飞扶壁，大型玫瑰窗的设置也成为后期的通行做法。（图16）巴黎圣母院（La Cathédrale Notre-Dame de Paris）的主体建成于12世纪后期，是哥特式教堂趋于成熟的代表，体现了法国哥特式教堂的主要特征。教堂平面为拉丁十字式（图17），西立面是造型处理的重点，两侧设置有高耸的钟楼（巴黎圣母院钟楼的尖顶未能完工），中部为华丽炫目的大玫瑰窗，下部是三个并列的尖券式大门。在屋顶十字交叉处，设有一座高达106米的尖塔，尖塔配合教堂其他部分的大批尖顶、尖券，体现了极强的升腾之势。室内东部为圣坛，呈半圆形，空间高耸开阔，墙面设有大面积玻璃窗。

12世纪后期至13世纪，是法国哥特式教堂的成熟期。伴随着哥特式教堂的兴盛，其造型愈发追求升腾、轻灵的感受，在外观上力图削弱重量感，如斯特拉斯堡大教堂（La Cathédrale Notre-Dame de Strasbourg）和鲁昂大教堂（La Cathédrale Notre-Dame de Rouen），其外部宛如被一层纤细、轻薄的石网所笼罩，原本是片状的飞扶壁也被雕镂得空灵异常。（图18）建筑外部的雕饰也日渐增多，各类人物、动植物雕饰已逐步摆脱附属地位，成为独立的审美对象。室内的肋拱与尖券也开始变得愈发华丽，摄人心魄的彩色玻璃窗得到了更广泛的运用。如夏特尔大教堂（La Cathédrale Notre-Dame de Chartres）的彩色玻璃窗，面积达两千多平方米，表现了数千个人物，是哥特式教堂内最绚烂夺目的彩色玻璃窗之一。（图19）

13

14

15

13. 德国沃尔姆斯大教堂
14. 意大利米兰大教堂的飞扶壁与尖塔
15. 法国圣丹尼斯大教堂室内

16. 法国圣丹尼斯大教堂
17. 巴黎圣母院南向
18. 法国鲁昂大教堂
19. 夏特尔大教堂的彩色玻璃窗

四、英国哥特式建筑

与法国哥特式教堂多位于城市中不同，英国哥特式建筑大都坐落于乡村之中，在造型处理上也与法国哥特式建筑差异颇大。教堂西侧的钟塔多不甚高大，屋顶十字交叉位置的尖塔反而建得很高，往往成为建筑的构图中心。平面仍保持拉丁十字格局，但南北向较长，东侧的圣坛一般为方形。室内装饰中肋拱的装饰作用十分突出，并演化出了一大批极其华丽的肋拱样式。

坎特伯雷大教堂（Canterbury Cathedral）是英国最早的哥特式教堂之一，造型以中部的尖塔为中心，高达72米。威斯敏斯特教堂（Westminster Abbey）是英国皇室的御用场所，其主体宽度仅11.6米，但室内拱顶高达31米，造就了极其巍峨挺拔的效果。林肯大教堂（Lincoln Cathedral）是欧洲最宏伟的教堂之一，中部的尖塔高达83米。室内的肋拱造型繁复多变，局部甚至有不对称的做法出现，被称为"疯狂的拱顶"，充分体现了哥特式建筑的动感与不稳定感。剑桥国王学院礼拜堂（King's College Chapel）、亨利七世礼拜堂（Henry Ⅶ's Chapel）与格洛斯特大教堂（Gloucester Cathedral）的肋拱则都宛如柔美纤弱的花朵，自拱脚伸出如花束般的肋架在拱顶中部形成了伞状造型，华丽异常，将哥特式建筑中拱券体系的装饰效果推向了极致。（图20）索尔兹伯里大教堂（Salisbury Cathedral）的肋拱虽不甚华丽，但清晰明快的效果反而给人以更强的跃动感，宛如一束礼花在空中绽开。教堂中部高达123米的尖塔则是英国教堂高度之最。

此外英国哥特式教堂内大面积的彩色玻璃窗也是一大亮点，如亨利七世礼拜堂和格洛斯特大教堂均采用了近乎落地窗的大玻璃窗，上下贯通的彩色玻璃让人几乎感觉不到墙的存在，阳光投射其内，光影流转间宛若天国神界。

五、德国与意大利的哥特式建筑

德国的哥特式建筑可分为两种，一种类似于法国样式，在西部建设两座高大的钟塔，以其为构图中心，典型者如马尔堡的圣伊丽莎白教堂（St. Elizabeth Cathedral）和科隆大教堂（Cologne Cathedral）。另一类则更具德国本土特色，西侧正立面仅设立一座高耸的钟塔，如乌尔姆大教堂（Ulm Minster）。（图21）该教堂西侧的钟塔高达162米，是世界上最高的教堂尖塔。钟塔内部中空，可以拾级而上直达塔顶。除西面大钟塔之外，教堂东侧还设有两座较小的尖塔。

意大利在中世纪时期的建筑发展呈现出了多样化的局面。哥特式建筑主要出现在北部，当地设计师通常将哥特式风格作为一种装饰手法来对待，仅在细部塑造出尖锐高耸的线条，整体造型上并不强调高大的体量和强烈的垂直跃动感，教堂西立面也不设置高大的钟楼。米兰大教堂是意大利最大的哥特式教堂。（图22）建筑在正立面上仍保持了当地传统的三角形山墙式构图，哥特式风格主要通过遍布教堂的小型尖塔、角楼来体现。教堂中部设置了一座高达108米的八角形尖塔，体现了与英国哥特式建筑的某些联系。教堂室内有52根大型立柱，气势恢宏壮丽。位于锡耶纳省首府的锡耶纳大教堂（Siena Cathedral）也是类似风格的产物，同样以山墙式正立面出现，内部尖券与传统的圆券混用，还保留有很多罗马式的券廊。

中世纪的意大利以威尼斯为代表，世俗建筑的营造取得了很高的成就，围绕圣马可广场（Piazza San Marco）的总督府（Palazzo Ducale）、钟楼、黄金府邸（Ca' d' Oro）等均是哥特时期的代表作。总督府兴建于1309年，呈长方形，设计师充分运用柱式与拱券的艺术表现力，同时吸收伊斯兰装饰手法，造就了独特的艺术形象。现存建筑底层为哥特式尖券柱廊，二层明显模仿哥特式教堂的券柱式窗棂图案。两层柱廊通透灵动，强烈的光影效果与温润平滑宛如绸缎的第三层形成了鲜明对比。（见章前页图2）

20
21
22

20. 剑桥国王学院礼拜堂的肋拱体系
21. 乌尔姆大教堂
22. 米兰主教堂

案例解析 威尼斯黄金府邸

　　威尼斯城内除总督府外，还有很多华丽的哥特式府邸留存至今。它们大都临水而建，造型优雅，富丽堂皇。康塔里尼（Contarini）家族的黄金府邸堪称威尼斯最美丽的哥特式住宅之一。府邸紧邻大运河而建，临水一面全部以大理石构筑。由于没有完全建成，现今为不对称格局，左侧为柱廊，右侧为较为封闭的墙面。柱廊分为三层，底层为罗马式圆券柱廊，中层则明显模仿总督府，采用了哥特式窗棂图案。顶层较总督府开敞秀丽，采用了火焰式的尖券柱廊。外立面雕饰全部以黄金贴面，远望府邸，金色的建筑倒映水中，华美异常。（图 23）

23

23. 威尼斯黄金府邸

第三节 文艺复兴建筑

一、文艺复兴建筑的特点

文艺复兴时期的资产阶级知识分子将中世纪文化斥为落后与愚昧的象征，把古希腊与古罗马文化奉为先进与优秀的代表。由此在古典建筑文化的影响下，以意大利为中心的文艺复兴运动创造出了一系列全新的建筑形式。与此同时，建筑结构与施工技术也取得了很大进展，集中式穹顶的复兴与演进就是突出成就之一。建筑装饰上受益于本时期绘画与造型艺术的发展，以壁画和雕塑为代表，取得了空前的成就。本时期建筑理论研究也取得了很大进展，维特鲁威的《建筑十书》在佛罗伦萨被发现后，引起了巨大轰动，随之掀起了古典建筑的研究热潮。阿尔伯蒂（Leon Battista Alberti）、帕拉第奥（Andrea Palladio）（图24）、维尼奥拉（Giacomo Barozzi da Vignola）等人分别撰写了一批研究专著，有力地推动了本时期的建筑创作。此外，随着营建规模的不断加大，此时的专业分工进一步细化，建筑师正式成为一种固定职业，由此也开启了建筑专业教育的先河。

二、佛罗伦萨主教堂与伯鲁乃列斯基

文艺复兴运动最早发端于意大利的佛罗伦萨地区。1293年佛罗伦萨工商业行会发动起义，驱逐封建贵族，建立了共和制的城市国家。为了纪念这次胜利，城市议会决定修建一座教堂。佛罗伦萨主教堂（Florence Cathedral）于1296年动工，设计师埃皮奥（Arnolfo di Cambio）突破了天主教会的禁锢，将东侧圣坛设计成了类似希腊十字的集中式布局。圣坛的上部准备用当时仍被视为异端的拜占庭式穹顶覆盖，这是继集中式布局后的又一个大胆突破。1366年教堂主体基本完成，但此时穹顶的建造遇到了很大困难，工匠以高度的热情投入到创作中，不断尝试各种方法。在此期间，设计师乔托（Giotto）在教堂南侧建造了一座高达84米的钟塔，延续了传统的钟塔与教堂主体分立的布局。（图25）

15世纪初，出身行会，精通建筑、机械、美术与雕刻的伯鲁乃列斯基（Fillipo Brunelleschi）（图26）着手设计这个穹顶。他的穹顶设计方案在学习古罗马建筑成就的同时充分吸收了哥特式建筑的结构技术，穹顶被设计成八瓣的半椭圆形，一个与早期半圆形穹顶完全不同的划时代作品就此诞生。为了进一步突出穹顶的形象，伯鲁乃列斯基还在穹顶下方加入了高达12米的鼓座，这种做法突破了早期穹顶半遮半掩的造型模式，大大突出了其主体地位，高耸尖锐的矢状穹顶第一次真正成为建筑视觉形象的核心。（图27）

1431年，直径为42米、高达30米的穹顶建造完成，马上在全欧洲引起了巨大轰动，被视作奇迹乃至神迹广为传扬。1470年顶部的采光亭最终完成，此时建筑的总高度已达到107米，在欧洲历史上教堂穹顶形象

24. 帕拉第奥画像
25. 佛罗伦萨主教堂鸟瞰图
26. 伯鲁乃列斯基雕像

27. 佛罗伦萨主教堂穹顶内景
28. 佛罗伦萨主教堂穹顶在城市景观中的突出地位
29. 巴齐礼拜堂
30. 圣灵教堂
31. 米开朗基罗雕像

第一次成为城市轮廓线的核心，充分体现了文艺复兴初期高昂向上的独创精神。(图28)而此时伯鲁乃列斯基已去世二十余年，人们为了纪念这位杰出的建筑大师，将他葬在了佛罗伦萨主教堂的地下墓室内，使其与自己的杰作永世相伴。

除了佛罗伦萨主教堂的穹顶，伯鲁乃列斯基在佛罗伦萨还留下了其他很多杰出的作品，如巴齐礼拜堂（Pazzi Chapel）、育婴院（Ospedale degli Innocenti）、圣灵教堂（Basilica of the Holy Spirit）等。巴齐礼拜堂与中世纪教堂相比，无论是结构、空间布局还是造型与风格，都是大幅创新之作。(图29)教堂体积不大，但形象丰富，比例精巧，整体显得清新朴实，简练明晰，与晚期哥特式建筑的繁缛华丽大不相同，显示出了文艺复兴的全新风尚。圣灵教堂是伯鲁乃列斯基晚年的作品，外观朴素简约，内部庄严肃穆，充分体现了他清晰严格的理性主义设计原则。(图30)

三、伯拉孟特、米开朗基罗与拉斐尔

15至16世纪，意大利北部地区的经济枢纽地位日渐降低，而教廷所在的罗马地区却繁荣起来。教皇成为驱逐外国侵略者、为意大利带来统一与和平的唯一希望。在这种背景下，大批艺术家与学者纷纷向罗马聚集，为教廷服务。文艺复兴运动进入了以罗马为新文化中心的全盛时期。出于服务对象的变化，此时的建筑风格与初期相比开始趋于华美而壮丽。

作为文艺复兴盛期最具代表性的设计师，伯拉孟特（Donato Bramante）、米开朗基罗（Michelangelo di Lodovico Buonarroti Simoni）（图31）和拉斐尔（Raffaello Sanzio）毕生最重要的创作经历当属主持圣彼得大教堂（St. Peter's Basilica）的设计。(图32)但除此之外，他们还创作了很多具有极高艺术与技术水准的作品。

伯拉孟特是文艺复兴盛期的主要奠基人之一。与初期的设计师多侧重使用古典建筑元素不同，他全面学习了古典建筑的精神气质，这使其作品往往具有刚健有力、造型典雅的特点。位于罗马城内的坦比哀多礼拜堂（Tempietto）是伯拉孟特独立完成的代表性作品，它是西欧第一个成熟的集中式纪念建筑，也是第一个成熟的穹顶建筑，被誉为文艺复

兴盛期的开山之作。（图33）教堂位于圣彼得修道院内，整体造型采用了罕见的圆形布局，分为上下两层，下部由16根罗马塔斯干柱围合而成，上部是外设透空围栏和券柱式墙面的半球形穹顶。通过对古典建筑手法的熟练运用，伯拉孟特使这座小小的教堂具有了出色的和谐美感与雍容气度，充分表现了一个人文主义者对神性的认知以及对完美感与统一性的不懈追求。

  米开朗基罗是文艺复兴时期的艺术巨匠，其在建筑领域的作品虽不多，但普遍具有层次丰富、装饰性强的特点，体现了杰出的创造力。1523年为美第奇家族设计的劳伦齐阿诺图书馆（Biblioteca Laurenziana）是米开朗基罗的初啼之作。（图34）在这座建筑中，他大胆地将原本用于室外的壁柱、涡卷、山花等元素引入室内，强调了动态效果与垂直线条划分，造就了强烈的光影与体积变化。此外他还打破常规，将历来不为人重视的楼梯作为核心的装饰元素展现在大众面前，体现了极强的装饰效果。作品中丰富的曲线变化与样式组合也开启了巴洛克风格的先河。美第奇家族家庙（Medici Chapel）是一座兼有陵墓和祭祀功能的建筑，通过添加各类体积感突出的装饰元素，室内形象充满了张力与动态。（图35）各类古典元素的自由组合则既极富创新精神，又给人和谐统一之感。法尔尼斯府邸（Palazzo Farnese）是罗马城内最气派的府邸建筑之一。米开朗基罗充分吸收古罗马建筑元素，将其立面设计为三层，窗口外部使用券柱式装饰，立面构图宛如大角斗场，显得气势非凡。（图36）

  除了出色的建筑单体设计外，米开朗基罗对罗马旧城的保护也做出了重要贡献。1536年他开始主持罗马旧城内卡比多广场（The Capitol Square）的改造。米开朗基罗没有沿用旧有格局向东拓展场地，而是出人意料地沿山坡向西拓展。以此广场为核心，罗马城改变了日后发展的方向，避开了文物密集的旧城区，这在保护无数古代瑰宝的同时，也为新城市的发展提供了广阔空间。（图37）

  拉斐尔在绘画方面造诣极高，但目前存世的建筑作品很少，佛罗伦萨的潘道菲尼府邸（Palazzo Pandolfini）被认为最可能是其独立完成的作品。（图38）这座府邸是文艺复兴时期府邸建筑的代表作之一，它明显受到了罗马府邸建筑的影响，外立面突出的三角形与弧形窗楣能让人马上联想到法尔尼斯府邸。府邸外立面使用石材，显得庄重敦厚，内部则

33	32
34	
35	

32. 罗马圣彼得大教堂正立面

33. 坦比哀多礼拜堂

34. 劳伦齐阿诺图书馆室内

35. 美第奇家族家庙

36. 法尔尼斯府邸
37. 卡比多广场
38. 潘道菲尼府邸
39. 圣彼得大教堂鸟瞰图
40. 圣彼得大教堂室内

粉刷得光滑平整，内外形成了强烈的对比效果。

四、文艺复兴运动的纪念碑——圣彼得大教堂

16世纪初，教廷决定改建已破败不堪的旧圣彼得大教堂。伯拉孟特提出了一个具有拜占庭风格的希腊十字方案，此时的教皇尤利亚二世（Julius Ⅱ）欣然批准了此方案。但仅仅八年后，随着尤利亚二世和伯拉孟特的相继去世，工程刚刚完成基础建设就陷入停顿。新教皇利奥十世（Papa Leo X）任命拉斐尔为负责人，要求将教堂改建为拉丁十字格局，但此后二十余年间混乱的政局导致工程进展非常缓慢。（图39）

1547年米开朗基罗受邀主持此工程，他凭借巨大的声望赢得了教皇的亲笔敕令，获得了任意修改设计的权力。他接任后立即抛弃拉丁十字布局，基本恢复了伯拉孟特设计的平面。在他的主持下，教堂建设开始步入正轨，至1564年米开朗基罗逝世时，建筑已造至穹顶下的鼓座部分，穹顶设计也已完成。随后在封丹纳（Domenico Fontana）等人的主持下完成了穹顶的建造。圣彼得大教堂的穹顶直径为41.9米，内部顶点高达123米，是古罗马万神庙高度的三倍。穹顶上部十字架的尖端更高达137.8米，文艺复兴时期的巨匠们终于创造出了比古罗马任何建筑都更加雄伟宏大的作品。这座穹顶与佛罗伦萨主教堂的穹顶相比，更接近半圆形，是真正的球面穹顶，在造型效果与技术难度上都大大超越了后者。圣彼得大教堂代表了16世纪意大利建筑艺术与技术的最高成就，是文艺复兴运动的不朽丰碑。穹顶的建成，标志着生气蓬勃的文艺复兴运动走向了巅峰。（图40）（图41）

16世纪末至17世纪初，随着意大利资本主义经济的进一步衰退，天主教势力对文艺复兴运动展开了全面反扑。圣彼得大教堂的希腊十字布局再次成为教会除之而后快的目标。教堂已开工的正立面被拆除，希腊十字布局的前方被加入一段巴西利卡式大厅，形成了接近拉丁十字的格局。新正立面的出现严重破坏了教堂的整体性，穹顶的集中统率作用受到了很大削弱。壁柱式立面由于尺度过大，构图杂乱，也没能形成很好的艺术效果。圣彼得大教堂在宗教势力反扑下所遭受的损害，标志着文艺复兴运动高潮的消退。（图42）

五、落日余晖——帕拉第奥

16世纪下半叶以后,文艺复兴运动步入晚期,建筑风格也日渐僵化,变得了然无趣,缺乏创造力。但部分杰出的建筑大师仍能突破困境,不断创新,其中最具代表性的当属帕拉第奥。

意大利北部的维琴察(Vicenza)和威尼斯地区是资本主义经济最早萌发的地区,但16世纪中叶以后,随着经济发展的迟滞,大批资产阶级开始向土地贵族转化,庄园府邸的营建大行其道。帕拉第奥顺应这一变化,创作了一大批杰出的别墅与府邸,作品普遍具有风格严谨、比例和谐、装饰典雅的特征。在设计过程中,他创造了一种新的拱券与柱列结合的装饰手法,并得到广泛运用。这是文艺复兴时期继凯旋门母题、角斗场母题之后又一个重要的装饰母题,被后世称为"帕拉第奥母题"(Palladian motive)。(图43)帕拉第奥在1570年出版的《建筑四书》(I Quattro Libri dell'Architettura)一书,继承了维特鲁威以来的研究成果,并加以深化,对意大利本地的文艺复兴运动与欧洲其他国家的建筑发展都产生了深远影响。

帕拉第奥最杰出的作品当属位于维琴察的圆厅别墅(Villa Almerico, La Rotonda)。(图44)别墅平面为正方形,因中心是一个圆锥形穹顶覆盖着的圆形大厅而得名。建筑位于一座小山丘之上,四面皆可直视,故而帕拉第奥将其四面造型设计得完全一致,在方形主体外部各加出一个希腊神庙式的前廊。穹顶、柱廊、三角山花这些原本用于宗教建筑的造型元素被运用到别墅中,大大增加了建筑与人的距离感,使建筑在端庄严谨的外表下透出一股矜持与孤傲,非常好地体现了主人的身份与性格。

帕拉第奥的另一处代表作是位于维琴察的巴西利卡(Palladian Basilica)。这本是一座府邸建筑,帕拉第奥将其改建为了古典样式。改建后的外观为二层,由方形屋顶下的两层通透柱廊连接,而柱廊的构图样式就是运用了典型的"帕拉第奥母题"。(图45)

	41
42	
43	
44	
45	

41. 圣彼得大教堂穹顶内景

42. 圣彼得大教堂前端的巴西利卡式立面

43. 采用"帕拉第奥母题"装饰手法的柱廊

44. 圆厅别墅

45. 维琴察的巴西利卡

文艺复兴运动在意大利之外的地区也产生过广泛影响，造就了一批具有地域特色的作品。安特卫普市政厅（Hotel de Ville, Antwerp）（图46）与阿姆斯特丹市政厅（Koninklijk Paleis Amsterdam）均是具有尼德兰地域风格的文艺复兴建筑。这两座建筑在中部均突起向上，形如中世纪行会建筑，但外部装饰则广泛使用了古典柱式。法国文艺复兴建筑大都以哥特式风格为基础，局部加入文艺复兴式的装饰。典型者如商堡（Château de Chanbord）、枫丹白露宫（Fontainebleau）等。商堡是法王的猎庄，建筑整体类似中世纪城堡，尖锐的屋顶和天窗具有明显的哥特式风格，但其水平线条划分与细部装饰则采用了很多古典建筑的元素。艾斯库里阿尔宫（El Escurial）是西班牙最重要的文艺复兴建筑，它的建成曾轰动欧洲，凡尔赛宫（Versailles）就是为与其争胜而建的。（图47）艾斯库里阿尔宫使用的半圆形穹顶、三角形山花以及多立克柱式都显示了文艺复兴运动的影响。

46 | 47

46. 安特卫普市政厅
47. 艾斯库里阿尔宫

第四节 巴洛克建筑

一、巴洛克风格

巴洛克风格与文艺复兴风格相比,主要有以下几个特点。

首先,建筑极力追求奢华、炫耀的效果,热衷于用贵重材料装饰建筑,建筑内部充满饰物,显得珠光宝气,富丽堂皇,如贝尼尼(Giovanni Lorenzo Bernini)设计的圣安德烈教堂(Chiesa di San Andrea al Quirinale)。(图48)

其次,建筑造型新奇多变,不墨守成规。此时的建筑往往改用圆形、多边形等不规则平面,造型上多见波浪状的曲线与曲面。细部通过大量堆砌涡卷、壁柱、山花等装饰元素,力图营造出富有动态与光影变化的造型效果。

最后,巴洛克建筑十分重视建筑、绘画、雕刻三位一体的综合装饰效果,并往往打破三者的界限,营造出一种亦幻亦真的超现实感,很多时候建筑本身就具有极强的雕塑感与迷幻色彩,如波洛米尼(Francesco Boromini)设计的圣卡罗教堂(S. Carlo alle Quattro Fontane)。(图49)

巴洛克建筑本身充满了相互矛盾的倾向。作为封建教会倡导的一种艺术风格,它所包含的奢靡炫耀、非理性、混乱与形式主义很自然地受到了新古典主义者的批判,但通过华丽外表所表达出的对世俗美的追求、崇尚创新、追求自然的思想则包含有强大的生命力,直至20世纪,欧美历次建筑风潮都或多或少地受到了巴洛克风格的影响。

48. 贝尼尼设计的圣安德烈教堂室内
49. 圣卡罗教堂穹顶内景

二、教堂建筑

巴洛克风格的兴起与教廷对宗教改革的反扑有着密切联系,所以早期巴洛克建筑大都为罗马地区的教堂。罗马耶稣会教堂(Church of the Gesu)是文艺复兴晚期建筑大师维尼奥拉(Giacomo Barozzi da Vignola)的作品。(图50)建筑整体采用拉丁十字布局,中部升起一座穹顶,延续了文艺复兴的风格。但在细部装饰上,正立面上成对的壁柱、重叠的山花、伸缩起伏的檐口,特别是二层极其醒目而夸张的巨大涡卷,已经具有了明显的巴洛克风格。而这些处理手法在日后也成为巴洛克建筑的典型特征。

在维尼奥拉之后,巴洛克建筑师们愈发开始追求样式的多变,他们往往不顾建筑的结构逻辑性与完整性,刻意违背古典艺术法则以求出奇制胜,个别作品的纷乱程度更是令人咋舌。如圣维桑和圣阿纳斯塔教堂(SS. Vincenzo ed Anastasio),正立面使用了三柱并列的装饰手法,上下两个山花均做成断裂的样式,在裂口中间加入了繁复的雕饰与纹章。立面二层的山花层层叠加,内部又嵌套了一个小型的三角形山花和倚柱。这些匪夷所思的做法消解了建筑各部分间原有的界限,使整个建筑具有了极强的雕塑感,而且在某种程度上营造出了一种层叠递进的空间

幻觉。(图51)

相对于圣维桑和圣阿纳斯塔教堂的扭曲与癫狂，马德诺（Carlo Maderno）设计的圣苏珊娜教堂（S.Susanna）显得较为节制，可被视作早期巴洛克教堂的典范。这座建筑构图严谨，通过紧凑的柱列强调了垂直向的体积感，造型变化丰富而又不失整体感。（见章前页图3）

17世纪30年代后，罗马城内出现了大批小型教堂，此类建筑不仅是举行宗教仪式的场所，还成为一种教会炫耀财富的饰物抑或纪念物。这类教堂往往体积很小，难以使用拉丁十字布局，但腐朽的教会又严禁使用方形与圆形的集中式布局，于是设计师们便开始使用椭圆、梅花、六角等曲线样式的平面布局。这些建筑的外立面往往如波浪般起伏流动，顶部圆形的采光亭、螺旋形的立柱无一不体现了极强的动感，让人目眩神迷，由此也形成了晚期巴洛克建筑的典型特征。

波洛米尼与贝尼尼是此时期意大利最杰出的巴洛克建筑师，但贝尼尼的古典主义韵味相对浓厚，如其设计的圣安德烈教堂，平面为一不大的椭圆，立面简洁大方。（图52）而波洛米尼则明显要前卫许多，他喜欢将建筑看作一座雕塑，用强烈的凸凹曲线与形体交错来展现动感。其设计的圣卡罗教堂，平面呈现复杂的曲线形，西立面的墙面为弧线形，檐口弯曲流转，顶部山花断开，中央放置一个巨大的椭圆形纹章。各种建筑要素在此交错变换，形成了非常醒目的动态视觉效果。教堂室内空间为椭圆形，密布深深内凹的壁龛与小间，空间形式非常复杂，且形象会随观看角度的不同发生很大变化，加上穹顶泻下的一抹阳光，教堂内部弥漫着一股幽暗的神秘感。（图53）

三、城市景观

城市广场在古典时期主要作为建筑的附属物出现，但发展至巴洛克时期，广场中往往汇集了城市内最精美的雕塑、建筑与艺术品，遂被人视作城市形象的代表。

贝尼尼作为巴洛克晚期的建筑大师，在罗马留下了一系列杰出的广场设计作品。1655年贝尼尼受教皇之托，开始在圣彼得大教堂前方修建一座与之相称的大型广场。广场以早期已有的一座方尖碑为中心，中心广场为长椭圆形，前部以一个梯形小广场与大教堂相衔接。设计充分考虑了宗教礼仪的需求，中心广场尺度适宜，小广场的地面向教堂方向逐步抬高，当教皇出现在教堂门前时，全广场的信徒都可以看到他的身影。同时站在方尖碑附近，可以较完整地看到教堂大穹顶的形象。此外，为满足教廷炫耀财富与权势的需求，同时也为了进一步增强广场的气势，界定其空间范围，贝尼尼在广场两侧设计了两列宽阔的合抱式柱廊。柱廊入口上方是古典主义的三角形山花，下部采用了四排粗壮有力的塔斯干柱式，柱廊顶部还矗立着87尊圣徒雕像。在贝尼尼的统筹规划下，最终完成的广场与大教堂相得益彰，空间布局宏大豪迈但又不失庄重典雅，细部装饰华丽而富有动感，并通过密集柱列的运用，营造出了强烈变幻的光影效果。（图54）

50. 罗马耶稣会教堂
51. 圣维桑和圣阿纳斯塔教堂

纳沃那广场（Piazza de Navona）是罗马街道广场的典型代表。广场为长椭圆形，长边上有波洛米尼设计的圣阿涅斯教堂（S. Agnnese）。广场中央有一座喷泉，是贝尼尼的作品。喷泉以一座教廷自埃及掠夺而来的方尖碑为中心，碑下围绕着四座人物雕像，分别象征多瑙河、尼罗河、恒河及拉普拉塔河，故而得名四河喷泉（Fontana dei Quattro Fiumi）。喷泉雕饰华丽，雕像造型多变，动感极强，体现了巴洛克风格的特点。同为贝尼尼设计的特莱维喷泉（Fontana di Trevi）也具有明显的巴洛克风格。喷泉建在一座巴洛克式建筑前，以一组表现海神波塞冬的雕塑为核心。雕塑中波塞冬率部属自大海中飞腾而出，本人雄踞于最高处，衣饰随风鼓动，脚下海怪飞驰，骏马腾跃，整个建筑充满了勃勃的生机。

建于18世纪初的西班牙大台阶（Scalinata di Spagna），是一处利用坡地营造的景观设施，也是罗马城内最具巴洛克色彩的城市景观，设计者为斯帕奇（Alessandro Specchi）等人。台阶平面宛如一只花瓶，最上方是兼有巴洛克与哥特式风格的圣三一教堂（Trinita dei Monti），台阶中部膨大为椭圆形，中央安置有一座方尖碑。下段逐渐收束，与下方西班牙广场内的船型大喷泉衔接。建筑造型多变，台阶的分合衔接，宽窄变化，以及平缓台阶与尖锐迅猛的方尖碑、教堂双塔形成的鲜明对比，造就了动人的韵律感。（图55）

四、意大利之外的巴洛克建筑

受资本主义发展与宗教改革斗争的影响，以意大利为中心的巴洛克建筑的影响范围相对较小。以法国为中心的西欧地区主要流行着古典主义风格，只有德国、奥地利、西班牙和北欧地区出现了比较典型的巴洛克风格建筑，但出现时间较晚，大都在18世纪。

德国的巴洛克建筑具有明显的折衷意味，往往将各种风格融为一体。十四圣徒朝圣教堂（Vierzehnheiligen）由约翰·巴塔萨·诺伊曼（Johann Balthasar Neumann）设计，平面布局非常有新意，将正厅与圣坛设计成

52
53
54

52. 圣安德烈教堂
53. 圣卡罗教堂
54. 圣彼得大教堂广场

了三个连续的椭圆形，室内装饰金碧辉煌，遍布灰泥塑造的植物装饰纹样。（图56）（图57）外立面则较为朴实，哥特式的双塔通过壁柱、山花的使用，体现了巴洛克风格的影响。整座建筑体现了德国巴洛克式教堂的典型特征，即内部空间复杂多变，装饰华丽奢靡，外部造型则简洁平实，内外反差巨大。巴洛克风格除影响了德国的宗教建筑外，还影响了世俗宫殿建筑。德累斯顿（Dresden）的茨温格宫（Der Dresdner Zwinger）完成于1732年，在整体造型上学习了法国古典主义的风格，但细部装饰大量采用了巴洛克元素。

西班牙地区是腐朽的耶稣教团的大本营，此处的巴洛克建筑与意大利本土相比，往往更加穷奢极欲，堆砌无度，由此也产生了被称为"超级巴洛克"的艺术风格。圣地亚哥大教堂（Santiago de Compostela）建于1738年，是西班牙18世纪超级巴洛克风格的典型代表。这座建筑在整体造型上延续了哥特式的双钟塔样式，但细部装饰极其纷杂繁缛。无数的倚柱与壁龛、断裂的山花与檐口、遍布各处的涡卷、无处不在的细密纹饰将建筑装饰得极其浮夸炫目。此外，位于格兰纳达（Granada）的拉·卡都迦圣器室（Sacristy de la Cartuja）在纹饰与造型的变化上则更近乎狂乱。一根柱子上有着若干个柱头，柱身痉挛着扭曲成螺旋状，折断的檐部与山花被无数像碎片一样的涡卷、蚌壳与花环所湮没，目力所及，一切都是混乱而不安定的。（图58）

55
56
57
58

55. 西班牙大台阶
56. 十四圣徒朝圣教堂
57. 十四圣徒朝圣教堂室内
58. 拉·卡都迦圣器室内景

案例解析 巴洛克风格的府邸建筑

意大利的巴洛克风格发展至 17 世纪中叶，影响范围持续扩大，除教堂与广场外，还有不少较为出色的居住建筑作品出现。罗马的巴波利尼府邸（Palazzo Barberini）是"连列厅"（enfilade）造型的开创者。建筑在底层面向花园设有一座面阔七间的开敞式大厅，向内一跨大厅收缩为五间，最后向内一跨大厅收缩为三间。（图 59）这种做法造就了多层次的、深邃变幻的透视感，日后成为欧洲宫廷竞相效仿的对象。都灵的卡里尼阿诺府邸（Palazzo Carignano）则将门厅设计为椭圆形，在外墙一侧设置了两部完全开敞的户型楼梯。外立面顺应椭圆形门厅的设置，被处理成了圆润的波浪形曲面。室内大型楼梯的设置使上下层空间得以沟通与交融，其装饰效果较劳伦齐阿纳图书馆楼梯增强了许多。（图 60）

59
60

59. 巴波利尼府邸
60. 卡里尼阿诺府邸

第五节 古典主义与洛可可建筑

一、古典主义风格

15世纪末法国建立了中央集权的民族国家，王权开始向社会的各个角落渗透。至17世纪，特别是路易十四执政期间，国王集军事、政治、经济与文化大权于一身，王权得到了空前的强化，因此此时期也被称为"绝对君权"时期。此时的法国经济发达，文化繁荣，俨然已成为欧洲的文明中心，对周边也产生了强大的影响。此外，当时的君主与贵族们对古典艺术兴趣浓厚，他们认为只有古希腊与古罗马的艺术元素才能有效彰显国王的伟大权力和盖世荣耀，于是在统治者的直接推动下，在文化艺术领域产生了名为古典主义的社会思潮，反映在建筑领域就是古典主义风格建筑的出现。古典主义风格有着一套明晰的理论，非常重视理性与规则，将古典建筑的样式与比例关系奉为金科玉律，强调轴线与秩序感，连园林中的树木与溪流都要服从于整体秩序，被修整成各种规则的几何图形。但法国的古典主义还具有明显的矛盾性。古典主义的宏大严肃虽可以彰显权威，但却难以满足国王与贵族奢靡的生活情趣，于是大量巴洛克式的装饰手法被运用到古典主义建筑中，特别是室内装饰中去。

古典主义风格以法国为中心，大致经历了三个发展阶段。

16世纪至17世纪中叶，此时中央集权政体还在形成当中，古典主义风格处于萌芽阶段。此时的法国建筑一方面延续了哥特式风格，另一方面受到意大利文艺复兴风格的影响，诞生了商堡（图61）、枫丹白露宫（图62）、卢浮宫（Musée du Louvre）（图63）等一批建筑。

17世纪下半叶开始，随着法王权力的日益巩固，古典主义的发展进入了盛期。路易十四时期为培养专业的艺术人才，先后设立了皇家绘画暨雕刻学院（Académie Royale de Peinture et de Sculpture）、音乐学院（Académie Royale de Musique），并于1671年设立了皇家建筑学院（Académie Royale d' Architecture）。这座学院高度重视对古典建筑传统的继承，由此形成了著名的法国"学院派"体系，在随后的两百余年中对欧美的建筑发展起到了核心掌控作用。学院派建筑师与文艺复兴时期自由而富于个性的建筑师不同，大都成为王权的驯顺工具，他们更热

61	
63	62

61. 商堡
62. 枫丹白露宫
63. 卢浮宫

衷于讴歌国王的伟大与权力的不凡，强调通过建筑的手段来表达社会对绝对君权的崇拜，由此也催生了如凡尔赛宫、荣军院教堂（Dôme des Invalides）、旺道姆广场（Place Vendôme）等一系列大型作品。

18世纪上半叶，资产阶级革命如火如荼，法国王权日益衰落，鼓吹民主与人性的启蒙主义大行其道，古典主义风格开始步入晚期。此时大型的建筑已不多见，具有公共性质的城市广场和精巧安逸、服务于个人的住宅建筑成为主流。

二、绝对君权的纪念碑——卢浮宫与凡尔赛宫

17世纪60年代，具有文艺复兴风格的卢浮宫基本完成，但其样式却已无法适应当时的社会形势。因为权臣高尔拜希望法王能从巴黎郊区回到市中心的卢浮宫居住，借此增强对国民的影响力，所以决定改建卢浮宫的正立面（东立面），使其更加雄伟壮观，以满足彰显法王权势的需求。

1663~1667年，设计方案经过多次反复，最终法国本土设计师勒·沃（louis Le Vau）、勒·布兰（Charles Le Brun）、克劳德·彼洛（Claude Perrault）三人合作的古典主义方案脱颖而出。这个方案完整体现了古典主义的各项法则，标志着法国古典主义风格的成熟。改建后的卢浮宫东立面上下按照古典柱式的比例分为三部分，底层为基座，中段是双柱柱廊，最上部为檐口和女儿墙。中央和两端各有突出部分，将整个立面分为五段，两侧突出部分用壁柱，中央部分用倚柱和三角形山花。宫殿主入口仅为一座小门，设在基座中央。整个立面轴线突出，主从分明，造型洗练简洁，风格雄浑刚健，非常好地体现了宫殿建筑的性格。（图64）

法国古典主义最杰出的作品是路易十四时期完成的凡尔赛宫。建成后的凡尔赛宫是欧洲最大、最雄伟与最豪华的宫殿建筑，是整个法国乃至于全欧洲的文化与时尚策源地，同时也是17~18世纪法国建筑艺术与技术成就的集中体现。凡尔赛宫所在地本是路易十三的猎庄，自1668年开始，在勒·沃的设计指导下，对文艺复兴风格的旧猎庄进行了改扩建，形成了凡尔赛宫的核心部分。除宫室外，还在宫殿前设置了前院与广场，在广场上设有放射状的三条大道，整体设计规则严整，充分体现了古典主义的法则。（图65）（图66）

65
66
67
64

64. 卢浮宫东立面
65. 凡尔赛宫局部
66. 凡尔赛宫大理石院
67. 凡尔赛宫镜厅

1678年孟莎（Jules Hardouin Mansart）继任为凡尔赛宫的主要建筑师，他在西立面的室内营建了一座名为镜厅（Galerie des glaces）的大厅。（图67）这座大厅长达76米，是凡尔赛宫内最重要的大厅。大厅内充斥着巴洛克式的装饰手法，奢华程度令人目眩神迷，为全欧洲的贵戚所仰慕。大厅一面为拱形落地窗，一面镶满了拱形的玻璃镜面，通过镜面反射，给人以空间无限延展的错觉。墙面与壁柱用大理石贴面，柱础与柱头是铜铸镀金。大厅顶部为拱顶，上有绚烂夺目的壁画与吊灯，厅堂两侧和壁龛里密布着各种镀金雕塑，当厅内数千只蜡烛全部点燃时，各类艺术品与镜面交相辉映，宛若仙境。

在凡尔赛宫的西北向，是由勒·诺特尔（André Le Nôtre）设计的具有鲜明古典主义风格的宫廷园林。法国古典主义园林是世界造园艺术中的一个重要流派，在百余年的时间内曾风靡了整个欧洲，仅勒·诺特尔本人设计的皇家与贵族园林就达百余座之多。凡尔赛园林面积很大，中轴线长达3000米。园林以宫殿为核心渐次展开，靠近宫殿的是图案化的小花园，外侧是小型园林，最外侧是大面积的林木群。（图68）在园林最北段，有两座小型宫殿，分别称为大特里阿农宫（Grand Trianon）与小特里阿农宫（Petit Trianon），主要用于法王的日常起居生活，建筑风格相对恬静淡雅许多。

三、府邸、教堂与城市广场

古典主义风格在法国王室的极力倡导下风靡一时，除宫殿建筑外，对贵族府邸和公共建筑也产生了强烈影响。

维康府邸（Chateau de Vaux-le-Vicomte）是路易十四时期财政大臣福凯（Fouquet）的私宅。为修建此座府邸，福凯邀请了法国最顶尖的三位设计师分工合作：勒·沃负责建筑设计，勒·诺特尔负责园林设计，勒·布兰负责室内装潢。府邸建筑中轴对称，两翼突出，中部以具有巴洛克风格的椭圆形大厅为中心，上置一个文艺复兴风格的半球形穹顶，由此也形成了外部形体的视觉核心。屋顶沿用了具有法国传统风格的方形高屋顶。（图69）但非常具有讽刺意味的是，府邸建成之日也是福凯获罪之时。路易十四看到如此奢华的宅邸可谓妒恨交加，盛怒之下立即将福凯拘禁起来，然后很快便开始凡尔赛宫的修建。

1670年路易十四下令在巴黎建造一座残废军人收容所（荣誉军人院，Les Invalides），随后配建了一座教堂，设计者为孟莎。教堂采用了古典集中式布局，平面为希腊十字形式，上部是直径为27.7米的穹顶。穹顶高居于鼓座之上，最上方为采光亭和十字架，总高达到了105米。设计时孟莎娴熟地运用了古典建筑的比例关系，使教堂外观显得非常沉稳、庄重。法国古典主义建筑通常在外观上是古典元素占主流，巴洛克风格在内部占优势，而荣军院教堂则恰恰相反。外部造型上孟莎大胆地加入了不少巴洛克风格的装饰，如门前柱廊的双柱、鼓座侧面的涡卷、穹顶肋条之间的金色装饰等。室内装饰则与外观反差很大，具有强烈的古典主义氛围，主体均为浅黄色的石材，内部光线明亮，没有繁复的装饰与色彩。整体气氛严谨肃穆，但并不阴郁神秘，很好地契合了古典主义强调

73	72
74

72. 旺道姆广场
73. 伦敦圣保罗大教堂
74. 圣保罗大教堂穹顶内景

的理性与秩序观念。(图70)(图71)

城市广场在古典主义时期也得到了很大发展，其形式大都为正几何形，封闭而统一，最典型的是由孟莎设计的旺道姆广场。旺道姆广场平面为长方形，中央有一条街道贯穿，四边有高三层的建筑围合。建筑底层为券廊，内设商铺，上两层为住宅。建筑外立面采用古典的科林斯壁柱，屋顶为坡屋顶，有采光窗，延续了中世纪以来法国的传统风格。在广场的中央，原立有路易十四的骑马铜像，至19世纪，为纪念拿破仑的军功，铜像被一根模仿古罗马图拉真记功柱的纪念柱所代替。类似旺道姆这样被街道直接穿越的广场在随后的岁月中逐步暴露出不适应繁忙交通的弊病，但在当时，此类星罗棋布的广场确实在很大程度上美化、繁荣了巴黎这座城市。(图72)

在英国，古典主义也产生了明显的影响，最典型的实例当属圣保罗大教堂(St. Paul's Cathedral)。教堂由著名建筑师克里斯托弗·雷恩爵士(Sir Christopher Wren)设计。教堂最初的方案是希腊十字布局的集中穹顶造型，但在教会的压力下被迫改为拉丁十字，最后为了构图均衡不得不在正立面添加了两座哥特式的钟楼。教堂最大的成就体现在穹顶结构的进步上。这座穹顶分为内外三层，内层为砖砌，直径达30.8米，厚度却只有46厘米，外层为木结构外敷铅板，整体重量是古典式穹顶里最轻的。教堂内部充分吸收了哥特式建筑的技术并加以发展，结构同样很简约、轻盈，由此也使得室内空间十分宏大开阔。(图73)(图74)

四、洛可可风格

洛可可一词源于法语rocaille，原意为"贝壳和小石头混合制成的室内装饰物"，后期则转化为一个专有名词。这种风格最早出现在室内装饰中，随后逐步扩散到各个艺术领域，在整个欧洲产生了广泛影响。洛可可风格与巴洛克风格多少有些相似，但洛可可风格更加世俗化，远没有巴洛克风格那么浓厚的宗教氛围，它更像一种上流社会的奢侈品，被用来消费与炫耀。

洛可可风格主要表现在室内装饰上。它缺乏明确的母题与手法，很多时候有流于堆砌之嫌。它几乎排斥了所有的建筑法则和语言，以无尽的线脚、涡卷、贝壳、仿植物的枝蔓图案来组织画面，惯用艳丽的色彩，

经常通过玻璃镜、水晶灯来强化炫目的效果。材料也倾向于使用温润、纤细的木材，抛弃冰冷僵硬的石材。它极力表现的是女性的柔美、精致与脂粉气。

在建筑外观上，洛可可风格受限于其手法特征，没有体现出明显的影响，但其风格依旧影响了很多府邸内部的空间布置。早期宏伟壮丽的大厅被分割成小间，矩形房间已被认为过于僵硬，于是从切角到圆角，乃至圆形、椭圆形等形状的房间开始风行。如著名的苏比斯府邸（Hotel de Soubise），其外观依旧延续了古典主义风格，但室内设置了被称为公主沙龙的椭圆形大厅，里面充满了洛可可式的装饰。（图75）（图76）奥地利的美泉宫（Schloss Schönbrunn）也是如此，外观是严肃的古典主义风格（图77），但室内充满了巴洛克与洛可可装饰风格。（见章前页图4）特别是女皇玛丽亚·特雷西亚（Maria Theresa）的私人客厅，具有典型的洛可可风格。除世俗建筑外，洛可可风格也影响到了18世纪的宗教建筑，如德国巴伐利亚的维斯教堂（Wieskirche），室内就充斥着柔美的洛可可装饰，在此，宗教的神圣感与神秘感已荡然无存，尽情展示着世俗的欢乐与愉悦。（图78）

75
76
77
78

75. 苏比斯府邸
76. 苏比斯府邸内的公主沙龙大厅
77. 维也纳美泉宫
78. 巴伐利亚维斯教堂室内

案例解析 小特里阿农宫

小特里阿农宫是路易十五的别墅，与凡尔赛宫的古典主义风格不同，它采用了名为帕拉第奥主义（Palladianism）的流行风格。这种风格源于英国，在18世纪下半叶传入法国，但仅在很小的范围内流行，小特里阿农宫即是一个实例。宫殿造型小巧，平面近方形，高两层，面向大特里阿农宫的西立面处理得最精致。该立面采用四根科林斯柱，虽没有门，但为装饰效果在前部设置了八字台阶。建筑整体比例匀称，构图严谨完整，体现了与文艺复兴风格类同的典雅风范。虽然其在外观上与洛可可风格看似无关，但从选址与周围环境营造上看，依旧可看到洛可可风格的影响。这座小小的宫殿有意选址于隐蔽幽静的密林之中，追求安逸与享乐的气氛，主体风格体现的是典雅而非庄严。同时在宫殿北侧还营造了一片源自中国的英国自由布局式的园林与农舍，更增添了回归自然的轻松气氛。（图79）（图80）

79
80

79. 小特里阿农宫西立面
80. 小特里阿农宫园林

建筑的艺术风格历来与社会变革密切相关，自17世纪中期后的一百多年内，以英法两国的资产阶级革命为先导，欧洲开始全面进入资本主义时期。建筑风格以英法为代表，出现了明显的分野，充分体现了政治形势对建筑创作的影响。同时新技术与新材料的不断发展，也为新建筑形式的诞生奠定了基础。

自18世纪中叶开始，资产阶级知识分子对封建制度及其意识形态展开了激烈的批评与斗争，这场运动被称为启蒙运动（Age of Enlightenment）。启蒙运动以批判的理性为武器，但此时的理性不再是古典主义时期尊崇帝王、拥护君主专制的理性，而是转变为了崇尚个人自由、平等的理性，启蒙主义者意图借用罗马共和国时期的公民政治观念来宣扬其主张。此外，随着启蒙思想和科学精神的发展，美术考古日益兴盛，大量古罗马与古希腊遗址被发现、测绘、整理发布。人们此时才发现古典主义对古典建筑的认识是多么浅薄粗陋，盲目地尊崇古典主义教条又是多么可笑。一个全新的世界就此打开了大门，并由此掀起了被称为复古运动（Revivalism）的建筑样式革新风潮。此时的法国建筑师开始深入学习罗马共和国时期的建筑形式，而英国建筑师则对古希腊建筑做了详细研究，由此还在美术界与建筑界引发了古罗马与古希腊建筑孰劣孰优的激烈争论。

在这个时期，以法国为中心，通过陆吉埃长老（Marc-Antoine Laugier）等理论家的工作，逐步形成了一套明晰的复古运动理论。此种理论认为建筑设计应从需求出发，严格的需要会产生美，简单与自然会产生美。巴洛克式的壁柱、倚柱，古典主义的基座、不体现屋面功能的假山花等均是应摒弃的做法。建筑应由最单纯的几何体构成，装饰不能违反结构逻辑。在这种理论指导下形成的建筑风格被称为新古典主义（Neoclassicism）风格。英国本时期则出现了被称为罗马复兴（Romanesque Revival）与希腊复兴（Greek Revival）的风格流派，还在浪漫主义（Romanticism）的影响下发展出了浪漫主义建筑。同时折衷主义（Syncretism）作为一种调和矛盾的有效手法被普遍接受，在法、英、美等国得到广泛使用。伴随着复古主义浪潮的兴起，奢靡甜腻的洛可可风格被扫入角落，西方建筑排除了纤细柔弱的气质，变得越来越刚健雄伟，建筑再一次成为大变革时代的高昂颂歌。

第一节 新古典主义

古典建筑、古典主义建筑与新古典主义建筑是三个容易被混淆的概念。一般而言，古希腊与古罗马时期的建筑被称为古典建筑。后世模仿此种风格的建筑则可被称为广义上的古典主义建筑。而17世纪盛行于法国，以追求高大宏伟为特征的建筑风格，则可被称为狭义的古典主义建筑。在18世纪下半叶于法国再度兴起一轮复古风潮，此时的建筑则被称为新古典主义建筑。

一、法国大革命前夕的创作

在法国大革命的前夜，启蒙主义对建筑风格的影响已非常明显。18世纪下半叶开始，建筑师热衷于学习塔斯干地区的罗马早期建筑样式，其简洁明快的造型广受欢迎。但实际上，此时的建筑师并不能准确区分罗马共和时期与帝国时期的建筑风格，只有拱券被认定为帝国时期的典型做法而遭到摒弃。随后不久，古希腊建筑的影响逐步增加，并且古希腊风格逐步与古罗马风格相融合。此时的复古主义建筑变得更加单纯、独立与完整，纯装饰构件被大量削减，建筑形式更加符合结构逻辑。在学习古罗马与古希腊风格的同时，一批激进的建筑师还发展出了更加纯粹的建筑形体，甚至在设计中将建筑外观简化为了最基本的几何体。

波尔多大剧院（Grand Théâtre de Bordeaux）是18世纪下半叶法国公共建筑中成就最突出的实例。剧院是一个长方体，没有凹凸进退，也没有多余的附加部分，造型十分简练。剧院正面是由12根高大的科林斯立柱形成的柱廊，柱身直接落地，摒弃了古典主义常见的基座。室内装饰简洁明快，通过将大型楼梯置于门厅中央，有效地将门厅、楼梯厅、观众厅联系起来，营造出了虚实结合、变化丰富的室内空间。（图1）（图2）

巴黎万神庙（Panthéon）是法国在大革命前完成的最大建筑物，是启蒙主义的标志性象征物。建筑本是献给巴黎守护神的教堂，1791年后被用作国家重要人物的公墓，故又称为先贤祠。建筑由著名建筑师苏夫洛（Jacques Germain Soufflot）设计，平面为希腊十字布局。正立面采用了古罗马神庙的标准样式，三角形山花下方是六根科林斯柱，柱下不设基座，仅有十余级台阶。建筑上部是高耸的鼓座与穹顶，穹顶分为内外三层，内层上方开有圆洞，可以看到中层穹顶上的粉彩画。得益于此时期结构技术的进步，万神庙的承力结构空前得轻薄，墙体、柱子均很纤

1 | 2

1. 波尔多剧院
2. 波尔多剧院室内

3 | 4
5

3. 巴黎万神庙
4. 巴黎万神庙室内
5. 牛顿纪念堂外观设计图

细，穹顶厚度也大幅减小。(图3)(图4)

　　陆吉埃长老的理论主张建筑应由最单纯的形体构成，大革命前后的建筑师遵循其理论，做出了大胆的探索，很多设计并不一定具有实际可行性，但其反映出的高昂革命斗志，已使其成为这个伟大时代的不朽纪念碑。皇家建筑师、院士布雷（Étienne-Louis Boullée）在大革命前后完成的一批作品体现了昂扬的英雄主义气概，1784年设计的牛顿纪念堂（Ceotaphe de Newton）是一个典型。牛顿作为一名杰出的科学家，被启蒙主义者奉为宇宙的发现者，纪念堂的设计就通过纯粹的建筑形体来体现这种观念。纪念堂主体是一个完整光滑、直径达146米的球体，放置于圆柱形的基座之上。球体外壳开有一些孔洞，白昼日光倾泻，在内部向外看宛如在看天穹之上运转的星辰，夜间则通过大规模照明，使球体宛如太阳在照耀。(图5)

二、帝国风格与拿破仑政权

　　19世纪初，随着拿破仑的称帝，法国进入了第一帝国时期。此时社会风尚的主流已经从启蒙主义的自由平等变成了为拿破仑帝国歌功颂德。古罗马的共和观念不再具有吸引力，帝国时期的风格被重新拾起，用来装饰拿破仑的新帝国。

　　拿破仑在统治时期进行了大规模的营建活动，最典型的当属为了夸耀自身功绩而建的大批纪念性建筑。此种建筑常模仿古罗马帝国时期的建筑片断乃至整体，追求高大雄伟的体量，喜欢使用巨柱式，强调纪念性。同时在实际操作中，拿破仑的御用建筑师并未简单抄袭帝国时期的样式，而是采用了折衷主义的手法，将古希腊与古罗马的建筑样式、埃及的神像、文艺复兴的装饰杂糅在一起，形成了被称为"帝国风格"（Le Style Empire）的建筑样式。此种风格持续的时间很短，随着拿破仑的败亡，很快就消失殆尽，但此时期留下的大批建筑对巴黎的城市风貌依旧产生了重要影响。

6	9
7	
8	

6. 巴黎军功庙
7. 军功庙室内
8. 雄师凯旋门
9. 明星广场

1799年拿破仑将巴黎的抹大拉教堂（L' Église de la Madeleine）改建为了一座用来陈列军功战利品的庙宇。这座庙宇（图6）在外观上模仿了古希腊的围廊式神庙，居于七米高的台基之上，前后都有古罗马式的宽阔台阶。建筑正面的前廊采用了罗马科林斯柱式。但柱子的排列方式却没有遵循古典法则，缺乏古典建筑中科林斯柱廊的轻快风格，再加上柱列背后粗糙且缺乏装饰的石墙面，整座建筑显得森严而冰冷，体现了帝国风格的傲慢肃杀之气。军工庙内部空间造型奇特，采用了三个连续的扁圆形穹顶，结构主体是铸铁骨架，体现了工业革命以来的技术进步。但这种进步却被包裹在复古主义的躯壳之内，不能不说是一种极大的遗憾，由此也体现了帝国风格的矛盾性与落后性。（图7）

雄师凯旋门（Arc de Triomphe de l' Étoile）建于1806年，是拿破仑为纪念自己击破俄奥联军的胜利而建的。凯旋门体量宏大，整体高50米，宽45米，厚22米。但如此巨大体量的建筑其造型却十分简洁，正面仅设一座券门，两侧开两座小门，没有立柱、壁柱与花哨的线脚。立面外观被划分为上中下三部分，正面与背面装饰有《马赛曲》（La Marseillaise）大型浮雕。建筑整体装饰适度，没有浮华累赘之感，完全通过雄浑与单纯的体量来表达压倒一切的力量与气势。凯旋门建成后，为疏解交通堵塞，在其周围开辟了一个巨大的圆形广场，12条宽大的街道以凯旋门为中心向四周辐射而去。这座新颖的广场后来被称为明星广场，在拿破仑败亡后，雄师凯旋门也改称为明星广场凯旋门，成为当今巴黎市中心的重要地标。（图8）（图9）

案例解析 巴黎市区的中轴线

巴黎老城区内以香榭丽舍大道为主干，面向塞纳河，串联起了一系列重要建筑，构成了一条世界闻名的景观长廊，由此也形成了巴黎的城市中轴线。中轴线以西侧雄师凯旋门为起点，东向是古典主义时期完成的协和广场（Place de la Concorde），广场原名为路易十五广场，中央曾矗立有路易十五的雕像，大革命后雕像被搬走，代之以拿破仑远征埃及带回的方尖碑。协和广场东侧是拿破仑时期建造的演兵场凯旋门（Arc du Carrousel），其样式完全模仿了古罗马时期的君士坦丁凯旋门。协和广场北侧是军功庙，南侧是法国下议院，两者相对而望，标示了广场的南北轴线。演兵场凯旋门东侧就是著名的凡尔赛宫，再向东一点则是位于河心小岛上的巴黎圣母院。1989 年为纪念法国大革命胜利200 周年，在轴线西段延长线上的巴黎新区内建造了著名的德方斯大门（La Grande Arche de La Défense），与雄师凯旋门遥相呼应，由此也使巴黎城市中轴线一举延长至 8000 米。(图 10)(图 11)

10 | 11

10. 香榭丽舍大道夜景
11. 从香榭丽舍大街远眺德方斯大门

第二节 罗马复兴与希腊复兴

罗马复兴与希腊复兴统称为古典复兴,二者均以英国为核心传播地域。罗马复兴起源于18世纪中叶,与法国新古典主义关系密切。希腊复兴则主要是反拿破仑战争的产物,用以对抗拿破仑的帝国风格。

一、英国

18世纪中叶的英国资产阶级通过引入法国启蒙主义思想,以歌颂古罗马共和制度为手段,对封建制度展开了全面抨击。在建筑文化领域,则表现为对古罗马建筑的推崇。

罗马复兴建筑最早出现在巴斯市,建筑师大伍德(John Wood the elder)在此设计了一座圆弧形的联排公寓。(图12)公寓分为三层,采用古罗马的叠柱式外观,整个造型宛如向内翻转的古罗马大竞技场。所有门窗洞均使用过梁,形成方格形的外立面格局,罗马时期惯用的拱券做法被认为是帝国的象征,遭到了摒弃。英格兰银行(Bank of England)是英国罗马复兴建筑最后的代表作。建筑外观采用了罗马神庙的样式,但内部已出现希腊复兴的做法。同时由于结构技术的进步,英格兰银行的结构大量采用铸铁骨架与玻璃,创造了多种样式的天窗与采光亭。(图13)

希腊复兴起源于19世纪初,出现的原因比较复杂,大致可分为三个方面。首先是为了反对拿破仑战争,为了在文化领域对抗法国流行的帝国风格,需要寻求一种不同于罗马建筑的新样式。其次是进入19世纪后,希腊的独立解放斗争日益受到欧洲资产阶级,特别是英国知识分子的同情与支持。最后是英国在希腊进行的美术考古研究成效卓著,从而对古典建筑有了更深入的了解。英国希腊复兴建筑的特点主要表现为喜爱使用希腊多立克和爱奥尼柱式,并追求形体的单纯。

苏格兰的爱丁堡是希腊复兴建筑的大本营,城中的卡尔顿山(Calton Hill)附近兴建了大批希腊复兴风格的建筑,山脚下有一座名为滑铁卢的广场,用以纪念对拿破仑的决定性胜利,由此也明确地表达了希腊复兴风格的政治意义。山南坡是爱丁堡大学的校舍,建筑群正面很宽,高居于宽大的台基之上,正中是一座围廊式的建筑,六根多立克柱擎起了三角形山花,宛如雅典卫城的山门。(见章前页图1)

13 | 12

12. 大伍德设计的巴斯市联排公寓
13. 英格兰银行正立面

伦敦大英博物馆（British Museum）创建于1753年，但旧馆很快就不敷使用，从1823年开始，由罗伯特·斯密尔克爵士（Sir Robert Smirke）主持设计建造了一座新馆。这座博物馆的设计以追求纯粹的古典主义为核心，其南立面为n字形，中央由八根巨大的爱奥尼柱托起三角形山花，上面密布雕饰，两翼则为高大的平顶柱廊。建筑师在设计中严格遵循了古希腊建筑的比例与细部样式，通过精准宏大的外形，成功地唤起了人们对古希腊圣殿的回忆。（图14）

二、德国与奥地利

自18世纪下半叶后，德意志地区的各诸侯国为炫耀实力，振奋人心，在柏林、维也纳、慕尼黑等城市兴建了大量的纪念性建筑。由于要有别于拿破仑的风格，故而德意志地区的古典复兴主要是希腊复兴，此外也有不少哥特复兴的作品出现。

勃兰登堡门（Das Brandenburger Tor）以古希腊柱廊式大门为蓝本，采用了六根高大的多立克柱，顶部没有使用古典的三角形山花，而是采用罗马式的女儿墙，为的是在其顶部安置和平女神驾驭四架马车的青铜群像。这组群像在1806年普鲁士败于法国时被拿破仑拆下作为战利品运回了巴黎，1814年滑铁卢战役后，又被索回重新安置于大门顶部。为纪念这段历史，和平女神改名为胜利女神，勃兰登堡门也成为德意志民族精神的象征。（图15）

柏林宫廷剧院（Konzerthaus Berlin）始建于1818年，是一座造型新颖、功能完备的观演建筑。在设计之初，建筑师辛克尔（Karl Friedrich Schinkel）曾试图恢复古希腊的露天半圆形样式，但古典剧场狭小的表演区与充满平等气息的环形座席受到了贵族们的极力抵制，最终剧场依旧延续了流行的包厢式格局，只是在立面上采用了希腊式风格。剧场正立面中央是由六根爱奥尼柱与三角形山花构成的主入口，后面的建筑主体渐次后退，很好地突出了入口，彰显了演出建筑的性格。（图16）

慕尼黑名人堂（Ruhmeshalle）模仿帕迦玛的宙斯祭坛，采用多立克柱式与三角山花构成n形柱廊，但建筑下部的台基较低矮。祭坛中部是宽阔笔直的大台阶，台阶顶部立有一座巨大的女神像。女神像高大的纵向尺度与纪念堂宽阔的横向尺度起到了很好的对比效果。

哥特复兴在德意志地区主要表现在宗教建筑上。18~19世纪，德意志统一的趋势日渐明显，以普鲁士为首的诸侯国开始大力鼓吹日耳曼精神，以求在文化上奠定统一基础。由于哥特人与日耳曼人系出同源，故而包括著名诗人歌德（Johann Wolfgang Von Goethe）在内的大批知识分子均把哥特建筑作为日耳曼精神的体现加以歌颂。在这种思潮的影响下，德意志开始了对哥特式教堂的大规模修复、续建工作，完成了自中世纪即开始建造，但仍未完工的科隆大教堂和乌尔姆大教堂。同时还新建了一批哥特复兴风格建筑，如维也纳的虔信教堂（Votivkirche）、匈牙利布达佩斯的议会大厦（Országház）等都是此时期完成的。（图17）

三、美国

18世纪末的美国独立战争是北美资产阶级与英国殖民者的对抗，法国为抗衡英国的扩张，对北美独立运动给予了大量援助。在意识形态领域，北美知识分子则很自然地引入了法国启蒙主义思想，在建筑上的体现即是罗马复兴样式的广泛使用。

杰弗逊（Thomas Jefferson）是独立战争的重要领袖之一，同时也是一位杰出的建筑师。他最重要的作品当属弗吉尼亚州议会大厦（Virginia State Capitol）和弗吉尼亚大学校舍。这些建筑大都模仿古罗马的神庙样式，如议会大厦正立面是六根爱奥尼柱和三角形山花组成的前廊。（图18）弗吉尼亚大学图书馆（University of Virginia Library）则是以罗马万神庙为蓝本，主体建于高台之上，前部是六根柯林斯柱组成的前廊，后部是圆形穹顶覆盖下的主体。美国国会大厦（United States Capitol）由沃尔特（Thomas U. Walter）设计，样式模仿巴黎万神庙，但更加雄伟，大穹顶为铁架结构。白色的大厦坐落于开阔的绿色草坪之中，非常典雅壮丽。（图19）

19世纪上半叶，美国北方资产阶级与南方奴隶主之间爆发了激烈斗争，史称南北战争或美国内战。此时北方资产阶级借助古希腊民主制度来宣扬自身的主张，而希腊的独立解放斗争也在本时期引起了北美人民的广泛同情，在多种因素的综合作用下，北美地区的建筑风格又转向了希腊复兴风格。此时的希腊复兴风格大致表现为两种形式，一种是严格模仿古典建筑样式，典型者如费城与纽约的海关大厦（U.S. Custom House）（图20），都在刻意模仿帕提农神庙。另一种是不追求严格的形似，而是通过使用部分构件与饰物，追求古希腊建筑雅致、明快、简洁的整体特色。林肯纪念堂（Lincoln Memorial）是其中较为出色的作品。这座建筑位于华盛顿，建于20世纪初。整体比例模仿帕提农神庙，采用了简洁明快的多立克柱廊。但顶部为平顶，隆起的女儿墙上雕饰了象征美国48州的48朵花饰。（图21）

17
18
20
21
　19

17. 维也纳虔信教堂
18. 弗吉尼亚州议会大厦
19. 美国国会大厦
20. 费城海关大厦
21. 林肯纪念堂

18 世纪的俄罗斯,以彼得大帝为起始,逐步走向了绝对君权制。此时的建筑风格明显受到了法国古典主义的影响,但具体处理手法上则较为杂乱,如冬宫整体造型采用了古典主义的样式,但立面上却出现了倚柱、断裂山花等巴洛克手法。进入 19 世纪后,欧美流行的古典复兴风格并没有对俄罗斯产生明显影响,以圣彼得堡海军部大楼（Admiralty Building）、伊萨基辅斯基大教堂（St. Isaac's Cathedral）为代表的一批建筑依旧秉持着古典主义风格。（图 22）但细加审视可以发现,这些建筑已显露出明显的创新性,形成了独具特色的俄罗斯古典主义风格。扎哈罗夫（Zakharov）设计的海军部大楼将立面的两端设计成两个五段式构图,中部设置了一座宏大的中央塔楼。塔楼造型新颖,底部为高大的方形基座,中央开有一个券门。二层外部环绕一圈爱奥尼柱廊,第三层是穹顶与八角形采光亭,最上方耸立着一座高达 23 米的八角形尖锥,顶部托举一条战舰,象征着俄罗斯海军。（图 23）

22 | 23

22. 伊萨基辅斯基大教堂
23. 圣彼得堡海军部大楼中央塔楼

第三节 浪漫主义

浪漫主义是19世纪前期广泛流行于西方的一种文化思潮。这类思潮的内容非常庞杂,总体来看,追求个性、向往自然、喜好表现异域风情是其最突出的共性。以英国为核心的浪漫主义建筑按风格可分为先浪漫主义与哥特复兴两个阶段。

一、先浪漫主义

进入19世纪后,封建贵族与土地资产阶级日趋没落,在这类人群中弥漫着浓厚的逃避现实的气氛,中世纪的田园生活被美化、夸张,模仿中世纪哥特式城寨的住宅与教堂开始广泛流行,典型者如沃尔伯尔府邸(Castle of Horace Walpole)、封蒂尔修道院(Fonthill Abbey)等。(图24)(图25)

与此同时,随着英国海外殖民活动的拓展,来自东方的艺术形式被不断介绍到国内,遥远的异国、充满梦幻色彩的事物,凡此种种恰恰迎合了浪漫主义者寄托幽思的需要,由此在建筑中追求异域风情成为一时之流行。1780年建筑师纳什(John Nash)在布赖顿(Brighton)新建的皇家度假别墅(The Royal Pavilion)就吸收了印度莫卧儿王朝(Mughal Empire)的清真寺造型(图26),而曾任皇家建筑师的钱伯斯(William Chambers)则更进一步,将大量的中国元素融入自己的设计中,特别是其对中国造园艺术的吸收与推介,使中西文化交流获得了突破性的进展。

钱伯斯早年经商时曾两次到过广州,被中国建筑所深深吸引。1757年他出版了《中国建筑、家具、服装、机械与器物的设计》(*Designs of Chinese Buildings, Furnitures, Dresses, Machines and Utensils*)一书,对中国园林大加推崇。中国园林富于山野情趣、出世避俗的自然主义特色很快就征服了先浪漫主义者们,由此也大大促进了英国自然式园林的发展,使其成为与法国几何构图式园林比肩的欧洲两大园林流派之一。1761年钱伯斯为英国皇家设计了名为"丘园"(Kew Gardens)的中国式园林(见章前页图2),园址所在地本身地势低平,并无特色可言,但钱伯斯依据中式造园手法,在其中加入了曲折绵延的水面、高低错落的假山、聚散有序的植被,甚至还仿建了一座中式的楼阁式八角佛塔。这些英国人闻所未闻的手法取得了出色的艺术效果,很快就引得贵胄富贾争相模仿,掀起了一股中国园林热潮。

二、哥特复兴

19世纪30至70年代是英国浪漫主义建筑的极盛期,此时期的建筑风格转向了模仿中世纪哥特风格,故而又被称为哥特复兴(Gothic Revinal)时期。

24. 沃尔伯尔府邸
25. 封蒂尔修道院
26. 布赖顿皇家度假别墅

28 | 27
29

27. 英国国会大厦
28. 英国国会大厦局部
29. 维多利亚哥特式住宅

哥特复兴风格的缘起十分复杂。首先,欧洲的反拿破仑战争使各国民族主义情绪持续高涨,哥特式风格被认为是最具有民族特色的建筑形式,因而日益受到重视。其次,英国资产阶级革命的不彻底性使封建势力屡次回潮,尤其是拿破仑失败后,欧洲反动教会势力高涨,开始大力鼓吹按照哥特式风格兴建教堂,恢复中世纪的宗教环境。最后是小资产阶级人群的批判现实主义倾向所导致的复古主义情绪。这些人继承了先浪漫主义者对中世纪的美好臆想,提倡摆脱机器的奴役,恢复中世纪"自由工匠"的"愉快的"创作,所以中世纪建筑风格自然成为他们追求的对象。

在以上因素的作用下,哥特复兴风格得到了全社会的广泛认同。1840年英国国会大厦(Houses of Parliament)开始重建,设计竞赛最终的获奖方案本为古典主义风格,但此时官方要求其建筑形式必须采用17世纪的哥特建筑风格。随后的建筑设计由小普金(Augustus Welby Northmore Pugin)完成。建筑群由11个院落组成,西北角是102米高的维多利亚塔,东北角则是高96米的伊丽莎白塔。建筑造型强调垂直线条,外墙面上密布大量小尖塔,造就了突出的跃动气势。(图27)(图28)

在理论界,虽然不少人在浓厚宗教情绪的驱使下对中世纪抱有不切实际的认识,但在建筑方面尚能保持较清醒的头脑,对建筑的形式、外观及其与生活的适应性关系做出了较为合理的论述。如著名建筑师拉斯金(John Ruskin)在其名著《建筑七灯》(*The Seven Lamps of Architecture*)中就表达了相关观点。在他的影响下,英国建筑界自19世纪60年代开始流行一种被称为"维多利亚哥特"的哥特复兴风格,这种风格以意大利哥特建筑为蓝本,在住宅建筑中成就突出,拉斯金倡导的节制、忠实、简单等原则得到了很好体现,并由此直接影响了现代建筑的诞生。(图29)

案例解析 约翰·拉斯金

约翰·拉斯金是英国维多利亚时代著名的艺术家与作家，他的观点与著作对浪漫主义建筑及工艺美术运动（Arts & Crafts Movement）产生了重要的影响。他一生著述颇丰，主要包括《建筑七灯》《拉斐尔前派》（Pre-Raphaelitism）《威尼斯之石》（The Stones of Venice）、《建筑与绘画》（Architecture and Painting）等。拉斯金是一位具有改良主义思想的人士，他的理论带有强烈的道德批判色彩。拉斯金关注艺术与技术的互动关系，认为机械技艺的发展扼杀了工人的主动性。他以浪漫主义的观点对中世纪手工业做了理想化的描述，主张回到这个"温和""自然"的时期。同时，拉斯金也是建筑文化遗产保护事业的创始人，1877年，他和威廉·莫里斯（William Morris）共同发起成立了英国第一个遗产保护学术团体：古建筑保护协会（Society for Protection of Ancient Buildings）。（图 30）

30

30. 约翰·拉斯金

第四节 折衷主义

折衷主义是19世纪上半叶兴起的一股创作思潮。这股思潮在19世纪及20世纪初于欧美风靡一时，早期以法国最为典型，后期则以美国较为突出。折衷主义超越了各种复古主义手法在建筑样式上的局限，会在创作中任意选择模仿历史上的各种风格，并加以组合使用，故而也被称为"集仿主义"。

一、折衷主义的缘起

折衷主义的产生背景比较复杂。首先，资本主义制度在19世纪已经取得了压倒性的胜利，此时的资产阶级已不再需要借古喻今，建筑样式所承载的政治与文化意义已然土崩瓦解。其次，新兴的资产阶级虽已掌握政权，但在文化与审美上依旧显得很软弱、浅薄。他们热衷于将那些旧日为贵族所专享的建筑式样为己所用，昔日神圣的精神象征由此变成了供人选用、享乐的商品。最后，随着社会的发展，交通与讯息交流日趋便利，考古、美术与出版事业日益发达，大大方便了人们对历代风格样式的掌握。同时新技术、新建筑类型与新生活方式的不断涌现，也使建筑风格出现了明显的杂糅与混乱。

折衷主义作为一种艺术风格，虽然在表现元素上显得比较混乱，但通常在比例推敲上都比较讲究，对形式美的追求颇为执着。总体来看，折衷主义依旧没能摆脱复古主义的桎梏，虽然开始使用很多新技术与新材料，但始终未能有效解决建筑内容与形式之间的矛盾。

二、折衷主义的实践

巴黎歌剧院（Opéra de Paris）是法国折衷主义建筑的代表作。建筑的正立面模仿了卢浮宫东廊的样式，细部装饰以巴洛克风格为主，其间还掺杂了一些古典主义与洛可可的手法。剧院顶部宛如一顶皇冠，表明了其皇家剧院的身份。歌剧院内部宽敞，装饰华丽，尤其是门厅与休息

31

31. 巴黎歌剧院

厅,室内有大量巴洛克雕塑、壁画与灯饰,真可谓花团锦簇。(见章前页图3)巴黎歌剧院的功能也非常完备,除先进的舞台设备外,为满足贵宾的需求,甚至设置了可直通包厢的专用车道。在技术上,歌剧院采用了先进的全铸铁框架结构,但受制于折衷主义风格,设计师不得不将新技术小心地掩盖在陈旧的躯壳之下,由此也显示出先进技术尚未找到适合自身特性的表现方式。(图31)(图32)

巴黎城内蒙马特山(Montmartre)上的圣心教堂(Basilique du Sacré-Cœur)由保罗·阿巴迪(Paul Abadie)设计。此时法国刚刚在普法战争中惨败,为激励民心,鼓舞士气,特地修建了这座教堂。教堂平面接近方形,下部是厚实的墙体,中央设置大穹顶,四周有四座小穹顶拱卫。建筑风格属于拜占庭与罗马风混合的样式。整座建筑都用白色大理石砌筑,显得纯洁而庄重。(图33)

1885年,罗马城内新建了一座伊曼纽尔二世纪念碑(Monumento Nazi-onale a Vittorio Emanuele II),以庆祝意大利经历了1500年的分裂后终于在1870年重新统一。纪念碑宽135米,高70米,是世界上最宏伟的纪念碑之一。建筑样式模仿古希腊帕迦玛的宙斯祭坛,主体为高台基上的一列罗马柯林斯柱廊,中央设大台阶,台阶顶部是祖国祭坛和无名战士墓,在它们上方是伊曼纽尔二世的骑马铜像。纪念碑通体用白色大理石贴面,局部配饰青铜雕塑,部分雕塑还有镀金,整体效果非常壮观。(图34)

1893年,为纪念哥伦布(Christopher Columbus)发现美洲400周年,同时更为了彰显立国百年来的巨大成就,美国在芝加哥举办了一次世界博览会。为彰显自身的"文化底蕴",博览会主要建筑均采用折衷主义风格,并且特别热衷于古典柱式的使用。这种暴发户式的炫耀心理无疑是落后与保守的,由此也使当时美国刚刚兴起的、以"芝加哥学派"为代表的新建筑思潮受到沉重打击。(图35)

32
33
35
34

32. 巴黎歌剧院门厅
33. 巴黎圣心教堂
34. 罗马伊曼纽尔二世纪念碑
35. 1893年芝加哥博览会建筑

案例解析 亨利·拉布鲁斯特与技术创新

　　亨利·拉布鲁斯特（Henri Labrouste）是一位法国建筑师，他生活在折衷主义的鼎盛时期，但其作品在保持古典外观的同时，在内部结构上大胆创新，并在室内坦率地将结构表露出来，使其成为空间的有机组成部分，由此其作品也被视作现代建筑的早期尝试。拉布鲁斯特最出色的作品当属圣日内维耶图书馆（La Bibliothèque Sainte-Geneviève）和法国国家图书馆（La Bibliothèque Nationale de France）大阅览室。圣日内维耶图书馆的外观依旧是折衷主义样式，但阅览室内部广泛使用了先进的铸铁框架、大面积玻璃、砖石薄墙、新的机械系统与照明系统，使结构、装饰与功能达到了有机结合。在这里已看不到类似巴黎歌剧院那样刻意遮蔽结构的虚假装饰，一切都从功能需要出发，由此也体现了现代性的建筑风格。（图36）（图37）

36

37

36. 圣日内维耶图书馆阅览室
37. 法国国家图书馆大阅览室

第五节 技术变革与实践

以工业革命为起始，欧洲各国的社会生产力水平得到了迅速提高。通过一系列新材料、新技术的使用，建筑的高度与跨度突破了旧有局限，平面与空间布局也较过去自由了很多，这些变化最终也推动了建筑形式的演化。

一、结构技术的创新

18世纪末，生铁作为建筑材料开始得到大规模使用。最早是用于屋顶部分，如1786年建造的巴黎歌剧院屋顶，1801年的索尔福特棉纺厂（The Cotton Mill, Salford）生产车间等。此外位于布赖顿的皇家度假别墅为模仿印度的伊斯兰风格，采用了铸铁材质的大型穹顶。用铸铁代替砖石后，轻巧的结构为采光提供了良好条件，由此也促进了大面积玻璃的使用。（图38）1833年建成的巴黎植物园温室（The Greenhouse of the Botanical Garden in Paris）是一个完全由铁架与玻璃构成的巨大建筑物，这种新颖的结构方式对后期现代建筑的诞生有着重要的参考价值。（图39）

19世纪中叶后，美国经济发展迅速，城市地价的飞涨与人口的高度聚集催生出大量的高层建筑，由此也在生铁结构的基础上发展出了框架结构。1854年在纽约建成的哈珀兄弟大厦（Harper and Brothers Building）以生铁框架代替承重墙，使金属结构真正成为承重结构的主体。1850~1880年，生铁框架结构在美国风靡一时，此时期也被称为"生铁时代"。此类建筑喜好以生铁细柱模仿古典主义的风格，檐口上有时还有巴洛克式的涡卷。整体来看，此时的建筑依旧没能摆脱折衷主义的影响，还未形成与结构相适应的新样式。（图40）

随着高层建筑的发展，建筑内部的垂直交通问题日益突出，升降机的发明解决了这一棘手难题。第一部安全可靠的载客升降梯在美国纽约由奥蒂斯（Elisha Graves Otis）发明。升降机在欧洲出现较晚，直到1867年才在巴黎国际博览会上展出，1889年应用于埃菲尔铁塔（La Tour Eiffel）内。

二、新建筑形式的涌现

19世纪下半叶的建筑发展面临着前所未有的巨大挑战，一方面要满足多样化的社会需求，由此催生了大量全新的建筑类型，如火车站、图书馆、百货公司、市场、展览建筑等，另一方面要不断探索与新技术相符合的建筑形式。

图书馆是人类文明与进步的重要象征，以亨利·拉布鲁斯特为代表的建筑师，通过对铸铁结构的使用，在图书馆满足社会需求与发展新建筑样式两方面均做出了有益的探索。市场与商店在本时期借助大跨度

结构的出现，摆脱了数千年来的小隔间模式，开始出现了连贯通透的巨大室内空间。早期的商场建筑脱胎于仓库，到19世纪末，以巴黎廉价商场（Le Bon Marché）为代表，商业建筑不论是外观还是室内均已颇为成熟，具备了自身的类型特点。巴黎廉价商场主体结构均为铸铁件，顶部采用大玻璃顶采光，是第一家完全采用自然采光的百货商店。（图41）

从18世纪末至19世纪末，欧美国家开创了一种全新的社会文化与物资交流方式——博览会，由此也大大推动了展览建筑的发展，使博览会成为新建筑的试验场。借助博览会出现的新建筑中，最著名的当属英国的水晶宫（The Crystal Palace）、法国的埃菲尔铁塔和机械展览馆（La Galerie des Machines）。

1851年完成的伦敦水晶宫展览馆开创了建筑样式与施工技术的新纪元。这座建筑总面积达74000平方米，设计师帕克斯顿（Joseph Paxton）吸取温室建筑的营造技术，采用先进的预制装配法，仅用九个月就完成了这座巨无霸建筑。建筑完成后，在外部只能看到铁架与玻璃，这种前所未有的全透明建筑形式立即引起了全世界的轰动。1852年，水晶宫被移建至西德纳姆（Sydenham）。得益于灵活的预制装配技术，设计师很方便地将中央通廊原有的阶梯形屋顶改为筒形，并使其与原有的拱顶组成交叉拱顶，再次彰显了施工技术的巨大进步。（图42）

埃菲尔铁塔与机械展览馆是1889年巴黎世界博览会的两座标志性建筑。（见章前页图4）铁塔在工程师埃菲尔（Alexandre Gustave Eiffel）的领导下，历时17个月完成，塔高达到324米。在埃菲尔铁塔创造高度记录的同时，塔边的机械展览馆则刷新了跨度记录。这座建筑的内部跨度达到了115米，主体结构为20个巨型构架，四壁与屋顶均为大面积玻璃。这两座建筑通过巨型的结构、新型的设备与技术，全面展示了资本主义强大的生产力，同时也显示了技术进步对建筑形式发展的巨大促进作用。（图43）

41
43
　42

41. 巴黎廉价商场室内
42. 早期的水晶宫
43. 埃菲尔铁塔

案例解析 最早的玻璃采光天棚——杜伊勒里宫奥尔良廊

1559 年法国国王亨利二世去世后，其遗孀决定搬出卢浮宫，另建新宫。1564 年，在卢浮宫西侧开始营建新宫，宫殿被命名为杜伊勒里宫（Palais des Tuileries）。此后的历任法王，大都往来居住于卢浮宫和杜伊勒里宫，直至凡尔赛宫建成后方将后者逐步闲置。在 1829 年至 1831 年之间，杜伊勒里宫内建造了一座造型新颖的大型通廊，被称为奥尔良廊（La Galerie d'Orléans）。通廊两侧为折衷主义风格的建筑，上部则是一座拱形的透明采光天棚。该天棚是世界上第一座以铁件与玻璃构成的采光天棚，开启了欧洲同类建筑的先河。1871 年杜伊勒里宫毁于战火，奥尔良廊也随之焚毁，旧日所在地现在已变成卢浮宫前的杜伊勒里公园。（图 44）（图 45）

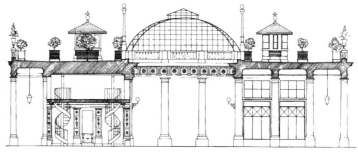

44
45

44. 杜伊勒里宫奥尔良廊
45. 杜伊勒里宫奥尔良廊剖面图

第四章
新建筑形式的探索与现代主义建筑的实践

2
3
4 | 1

1. 古埃尔公园局部
2. 马赛公寓
3. 旧金山圣玛丽主教堂
4. 环球航空公司候机楼

19世纪末至20世纪初，建筑技术与材料创新取得了巨大进步，但技术、功能与形式之间的矛盾变得越发突出。此外，古典形式的"永恒性"与"神圣性"日益受到质疑，一批新锐建筑师面对高速发展的社会，积极开展了对新建筑形式的探索，发动了很多具有广泛影响力的学派活动与艺术运动，并最终催生出了现代主义建筑。

工艺美术运动出现在19世纪中叶的英国，是新建筑形式探索中最早出现的一个流派，是浪漫主义思想在建筑与日用品设计上的体现。他们追求回归自然，具有明显的反工业化倾向。继工艺美术运动之后，以比利时为核心，在欧洲大陆出现了一个名为"新艺术运动"（Art Nouveau）的艺术流派。该流派对现代主义建筑的诞生起到了重要的推动作用，并在不同国家催生了很多分支流派。比较重要的有格拉斯哥学派（Glasgow School）、维也纳分离派（Vienna School）等。

19世纪末的美国，以城市高层建筑营建热潮为契机，诞生了名为"芝加哥学派"（Chicago School）的设计流派。该学派较为成功地解决了高层建筑的功能与形式问题，摆脱了折衷主义的束缚，对现代建筑的发展起到了重要的推动作用。同时期在德国，出现了名为"德意志制造联盟"（Deutscher Werkbund）的设计组织。该组织的核心人物贝伦斯设计的通用电气公司涡轮机车间（AEG Turbine Factory），被誉为第一座真正的"现代建筑"。此外在法国、荷兰、俄国等国，还出现了表现主义（Expressionism）、未来主义（Futurism）、风格派（De Stijl）与构成主义（Constructivism）、装饰艺术运动（Art Deco）等一大批极具探索精神的艺术流派。

第一次世界大战后，现代主义建筑在前期探索的基础上，凭借其工业化、标准化、功能性与经济性突出等特点，很好地满足了社会需求，获得了巨大的发展空间。至第二次世界大战全面爆发之前，通过以四位建筑大师（格罗皮乌斯、勒·柯布西耶、密斯·凡·德罗、赖特）为代表的现代主义建筑师们的不断努力，现代主义建筑最终确立了基本格局。至20世纪50年代，现代主义已占据了建筑文化的主流地位。但随着现代主义建筑在世界范围内的推广，其单一的艺术风格已越来越难以满足不同人群与地域文化的需求，各国建筑师遂从自身特点出发，开始了多元化的探索。总体而言，这些探索是在坚持功能与技术合理性的基础上针对人们多样化的情感与审美需求而进行的，在增加生活舒适性、情趣性与创作个性上均取得了很多杰出的成果。

第一节 19世纪下半叶至20世纪初欧美对新建筑形式的探求

一、工艺美术运动

英国作为最早步入工业社会的国家,自然也首当其冲地承受着工业发展带来的各种巨大危害。污染严重、人口过度聚集导致的生活环境恶化、粗制滥造的廉价工业品泛滥,凡此种种,使得在以小资产阶级知识分子为核心的市民阶层中,逐步滋生出一股强烈的反工业化意识。他们鼓吹逃离工业城市,回归中世纪宁静安详的乡村生活,他们向往自然,喜爱精致而富有个性的手工业制品。以拉斯金与莫里斯为代表人物的"工艺美术运动"就是这种思潮的集中体现。

工艺美术运动颂扬手工艺制品的艺术效果与自然材质的美感,反对新兴的机器制品,有的成员甚至极端地认为机器是人间罪恶的根本。莫里斯曾集合同道创办了一间作坊,制作精美的家具、饰件和家居用品。(图1)在建筑形式上,工艺美术运动主张用浪漫的"田园风格"来抵制机器生产对"人类艺术"的破坏,反对象征权势的古典建筑形式,建筑师韦伯(Philip Webb)在英国肯特郡(Kent)建造的"红屋"(Red House)就是这种主张的代表作。(图2)(图3)红屋的平面放弃了古典形式常用的对称布局,根据功能布置成L形,使每个房间都可以自然采光。材料使用本地出产的红砖,并大胆摒弃了传统的贴面装饰手法,直接将红砖暴露在外,不加任何粉饰,通过材料本身的色彩与质感坦率地表现了与当地自然与人文环境的固有联系。建筑造型则沿用了英国乡间住宅的传统坡屋顶式样。这种将功能、材料与造型进行有机结合的尝试,对后期新建筑的发展具有重要的启示。红屋所表达的亲切朴实、单纯而高雅的风格正是工艺美术运动对建筑形式的追求。

二、新艺术运动的早期实践

新艺术运动与工艺美术运动类似,均极力反对历史样式,尝试创造一种前所未有的艺术风格。但新艺术运动在对待工业化产品的问题上要积极得多。新艺术运动尝试使用工业化生产的新材料来解决建筑与工艺品的风格问题,力图找到能体现工业时代精神的装饰手法。此外,新艺术运动在建筑装饰上喜欢使用模拟自然界草木的曲线纹样,墙面、栏杆、窗棂、家具莫不如此。由于铁便于被制成各种曲线,故而在建筑装饰中大量使用了铁饰件与铁构件。

比利时作为欧洲最早的工业中心之一,工业品的艺术质量问题由来已久,由此也催生出了最早的新艺术运动艺术家。费尔德(Henry van de Velde)原为画家,在19世纪80年代后转而关注建筑的形式问题,他曾组织建筑师研讨如何使产品的形式具有时代特征,并与生产手段保持一致。他所设计的小住宅外观简洁,大面积不加修饰的墙面,方正而无装饰的窗洞,都是机器美学的直接体现。建筑外观真实地反映了内部的功

1
2
3

1. 莫里斯设计的壁纸图案
2. 红屋
3. 红屋室内

4. 费尔德设计的小住宅
5. 塔赛宾馆楼梯间
6. 民众之家

能需求,恰与现代主义建筑"形势追随功能"的原则吻合。(图4)

奥塔(Victor Horta)也是一位比利时艺术家,他喜欢在室内大量使用各种模仿植物的流动曲线纹样,同时还乐于在建筑外表直接暴露铁构件与玻璃。1893年由他设计完成的布鲁塞尔塔赛宾馆(Hotel Tassel),是新艺术运动的一座里程碑。(图5)旅店门厅与楼梯处的墙面上都充满了盘旋缠绕的马赛克纹样,楼梯侧面和大厅内则是同样富于曲线造型的铁制立柱与栏杆。1899年完成的"民众之家"(Maison du Peuple)(图6)位于一块不规则的基地上,奥塔成功解决了复杂的功能问题,将其设计成了一座具备办公、会议、咖啡馆、商店、宴会厅等功能的综合体。建筑的最大特点是在内外墙面和栏杆窗棂等部位大量使用铁构件,并将其暴露在外。在设计中奥塔出色地将砖、玻璃和钢铁融为一体,由此"民众之家"也被视为本时期最成功的探索性作品之一。

三、新艺术运动——格拉斯哥学派

在新艺术运动的影响下,苏格兰地区产生了名为"格拉斯哥学派"的衍生流派。格拉斯哥学派的作品在外观上摆脱了曲线风格的束缚,提出了直线式的方块造型风格。该学派与新艺术运动的联系主要体现在观念而非风格上,他们一方面吸收了早期工艺美术运动的理性成分,另一方面也秉持了新艺术运动注重形式与功能的统一、重视工业化成果的特征,这使得格拉斯哥学派的建筑作品普遍造型平稳均衡,外观朴素大方。

格拉斯哥学派最典型的作品当属麦金托什(Charles Rennie Mackintosh)设计的格拉斯哥艺术学校(Glasgow School of Art)校舍。这座建筑被认为是早期现代建筑运动在英国最重要的作品。建筑造型采用简单的几何体,抽象但富有力量。外立面没有累赘的装饰,仅通过开窗大小、疏密的变化,就取得了很好的对比效果。建筑外观通过凹凸变化的墙体与玻璃窗,强调了纵向的上升感,显示了英国注重垂直线条的审美传统。整个建筑冷静而肃穆,已经具有了浓郁的现代建筑气息。(图7)

四、新艺术运动——维也纳分离派与青年风格派

在新艺术运动的影响下,奥地利形成了以瓦格纳(Otto Wagner)为首的维也纳学派。1897年,维也纳学派中包括瓦格纳在内的一批前卫艺术家成立了"分离派"(Vienna Secession),主张与过去的传统彻底决裂。在建筑风格方面他们主张简洁的造型,用大片的光墙面与简单的几何体来体现工业社会的时代精神。对装饰的使用则很谨慎,大都仅在局部使用,且多用直线。

瓦格纳的代表作主要有维也纳地铁站(Karlsplatz Stadtbahn Station)、邮政储蓄银行(Austrian Postal Savings Bank),前者中还有一些富有新艺术风格的铁花装饰,后者则明显受到了格拉斯哥学派的影响,银行

大厅的室内空间简洁明快，所有装饰均被省略，造型直接反映了功能需求，体现了分离派的艺术风格。同为瓦格纳作品的新修道院40号公寓（Neustiftgasse 40）同样也体现了功能第一的原则，建筑造型全部采用简单的立方体和直线条。（图8）

奥尔布里希（Joseph Maria Olbrich）与霍夫曼（Josef Hoffman）是继瓦格纳之后分离派最重要的代表性人物。1898年奥尔布里希设计的维也纳分离派纪念馆（The Vienna Secession Building）十分新颖别致，建筑造型由立方体块堆积而成，非常简洁，但在顶部又安置了一个巨大的金色球体，球体由数千片铁叶、铁花与支条构成，表现了分离派作为新艺术运动分支流派的特性。建筑整体采用了纯净的白色，主入口上方施用了金色花纹，与巨大的球体遥相呼应。（图9）

阿道夫·洛斯（Adolf Loos）是分离派中一位非常激进的设计师，他主张建筑不应依靠装饰而应以自身形体之美为美，甚至宣称装饰就是罪恶。1910年由其在维也纳完成的斯坦纳住宅（Steiner House）就集中体现了这种反装饰倾向。（图10）这座住宅为立方体造型，外部没有任何装饰，通过强调体块组合与门窗比例关系，造就了一种完全不同于复古主义的新建筑形式，体现了极强的理性与工业化特征。

新艺术运动在德国称为"青年风格派"，以奥尔布里希、贝伦斯（Peter Behrens）、恩德尔（August Endell）等一批建筑师为首。代表作品主要有埃尔维拉照相馆（Elvira Photographic Studio）、慕尼黑剧院（Bayerische Staatsoper）。1901~1903年，达姆施塔特（Darmstadt）举办了一次涉猎广泛的现代艺术博览会，在此期间奥尔布里希设计了一座名为路德维希展览馆（Ernst Ludwig House）的多层建筑。建筑外观简洁，以白色的长方体作为主体造型，下部两层开大窗，上部墙面完全封闭，虚实对比强烈。中部是圆拱形大门，门侧有一对雕像，在大门周围密布着金色植物形纹饰，延续了维也纳分离派纪念馆的艺术风格。（图11）

五、新艺术运动——高迪

西班牙建筑师高迪（Antonio Gaudi）是新艺术运动中最为特立独行的人物，他与新艺术运动在学术上并无明显渊源，但在处理手法与创作原则上则有着明显的共通性。在风格上高迪以新艺术运动的植物曲线

7. 格拉斯哥艺术学校校舍侧立面
8. 新修道院40号公寓
9. 维也纳分离派纪念馆
10. 斯坦纳住宅

11
12
13

11. 路德维希展览馆
12. 巴特罗公寓
13. 米拉公寓

造型为基础,吸收了哥特式与伊斯兰建筑的特点,以浪漫主义的精神赋予了作品强烈的柔性雕塑感,通过突兀变化的造型、艳丽炫目的装饰创造出了一种充满梦幻色彩、与复古主义全然不同的建筑风格。此外,高迪是一个具有强烈宗教感情的建筑师,他的一系列建筑都具有突出的宗教隐喻性,这也是其建筑风格的一大特色。

古埃尔公园(Parc Guell)与巴特罗公寓(Casa Batllo)是高迪的早期作品,在这两件作品中,曲线造型和丰富色彩的运用已很成熟。(见章前页图1)古埃尔公园内由彩色陶片及玻璃镶嵌而成的吐水蝾螈、曲线围墙,巴特罗公寓外立面的波浪形墙面等都是其后期作品的核心表现手法。(图12)

巴塞罗那的米拉公寓(Casa Mila)是高迪的代表作。在这件作品中,高迪延续了巴特罗公寓外立面改造的手法,力图使整个建筑成为一座流动的雕塑。建筑的外立面几乎没有一处直线,所有檐口都被处理成一系列波浪状的线条,甚至屋顶的烟囱也是起伏不定的,水平向重复的曲线与纵向跃升的整体造型形成了有趣的对比关系,公寓内部也尽量避免使用直线与平面。建筑的外表非常朴素,采用了当地一种乳白色的石材,由于这座建筑最早是为纪念圣母玛利亚而建,这种纯净的白色外饰显然暗示着对圣母的歌颂。(图13)(图14)

神圣家族大教堂(Sagrada Familia)位于巴塞罗那,是高迪后半生最重要的作品。但由于资金问题,教堂曾多次停工,时至今日教堂依旧在建造之中。高迪的设计整体上延续了哥特风格,保持了拉丁十字的平面格局,在最初的设计中,不同位置的大门和尖塔分别象征着圣母、耶稣及其使徒,整个设计充满了宗教隐喻。高迪曾经说:"直线属于人类,而曲线归于上帝。"在这种思想的指导下,他用柔软的塑性造型代替了哥特建筑冷峻的线条。高迪从自然界的植物、动物乃至洞穴、山脉中获得了灵感,整座教堂完全以各种曲线与曲面组合而成,充满了韵律感与流动性。同时高迪还在建筑内外安置了绚丽的马赛克拼花装饰,延续了其一贯的瑰丽梦幻风格。(图15)(图16)

高迪过于独特的建筑风格在其生活的年代就曾引起很大争议,后来这种只属于他个人的建筑语言在其逝世后又迅速被大众所遗忘。当后工业化时代来临,后现代主义兴起之时,人们才重新发现了这位一百多年前的天才建筑师。奇特而富有隐喻的造型恰与后现代主义的主旨吻合,复杂与代价高昂的建造过程已不再是致命缺陷,高迪对自然的热爱、对冷峻严酷的工业化社会的反思与反击更是值得珍视的宝贵精神财富。

六、芝加哥学派

19世纪末,美国芝加哥地区的高层建筑日渐增多,1871年芝加哥大火后,城市建设问题愈发突出,在此基础上,"芝加哥学派"应运而生。该学派以"高层建筑"这种全新的建筑类型为主要研究对象,致力于新技术在高层建筑上的运用,坚持以功能为核心的设计观点,摆脱了折衷主义的束缚,形成了简洁明快、实用美观的造型风格。在1883~1893年间,芝加哥学派的设计实践有力地推动了高层建筑的发展,使芝加哥市

成为世界高层建筑的策源地与集中展示场所。

沙利文是芝加哥学派的代表性人物,他在建筑界石破天惊地提出了"形式追随功能"(form follows fuction)的口号,突出强调"功能"在建筑设计中的决定性地位,彻底颠覆了复古主义以传统样式为核心,不考虑功能特点的设计法则。沙利文在实践中对高层建筑的基本形式进行了深入研究,他从功能出发,为设计制定了一系列规则,时至今日这些规则依旧是高层建筑设计的基本原则。

沙利文的设计作品最重要的当属1895年建造的布法罗信托大厦(The Guaranty Trust Building, Buffalo)(图17)和1904年完成的芝加哥CPS百货公司大厦(Carson Pirie Scott Department Store)。信托大厦具备了高层、钢铁框架结构、简约立面、大面积开窗等风格特点,是沙利文设计理论的集中体现。CPS百货公司大厦在风格上与信托大厦类似,仅在重点部位,如入口处使用了少量具有新艺术运动风格的装饰物。除此之外,伯纳姆(Burnham)与鲁特(Root)合作的里莱斯大厦(Reliance Building)(图18)、霍拉波特(Holabird)与罗西(Roche)合作的马凯特大厦(Marquette Building)都是芝加哥学派的代表性作品,具有和沙利文作品类似的风格。

七、德意志制造联盟与法国新技术建筑

19世纪末的德国经济发展迅速,在工业领域一举超越英法成为欧洲第一,国内一片欣欣向荣。为进一步提高德国工业产品的质量与加工技术,1907年由企业家、艺术家与技术人员组成了全国性的"德意志制造联盟"。

贝伦斯是德意志制造联盟的核心人物,他主张建筑应该是真实的,现代结构应当在建筑中表现出来,这样才会产生全新的建筑形式。1907年他受聘为德国通用电气公司的艺术顾问,1909年设计了通用电气公司的涡轮机车间。(图19)这座里程碑式的建筑彻底抛弃了附加装饰,完全从功能需要出发,充分发挥了钢结构的优点。建筑内部取消了支撑柱,顶

14
17
18 | 15 | 16

14. 米拉公寓室内
15. 神圣家族大教堂
16. 神圣家族大教堂室内
17. 布法罗信托大厦
18. 里莱斯大厦

19. 通用电气公司涡轮机车间
20. 巴黎蒙玛尔特教堂
21. 蒙玛尔特教堂室内

部安置了跨度近26米的大型钢拱顶，由此获得了开阔的室内空间，同时在外墙的钢柱之间安置了大面积玻璃窗，为机器生产提供了良好的采光条件。美中不足的是贝伦斯最终在建筑的转角处以砖石砌筑了虚假沉重的转角，以掩盖实际受力的钢结构，显示出了传统样式顽强的影响力。但瑕不掩瑜，这座建筑在形式与功能上取得的高度一致性使其被公认为是第一座真正意义上的"现代建筑"。

贝伦斯在创作第一座现代建筑的同时，还通过其建筑设计事务所培养了一大批现代主义建筑人才，使德意志制造联盟实际上成为现代主义建筑的奠基者。著名的第一代现代主义建筑大师格罗皮乌斯（Walter Gropius）、密斯·凡·德罗（Ludwig Mies van der Rohe）、勒·柯布西耶（Le Corbusier）都曾在贝伦斯事务所工作过，并通过与贝伦斯的接触获益良多，由此也为他们日后的设计工作奠定了坚实基础。

19世纪中叶后，钢结构开始普及，但当今使用最广泛的钢筋混凝土结构则晚至19世纪末至20世纪初方得到广泛使用，这其中以法国和美国的实践最为重要。19世纪90年代法国建筑师埃纳比克（Francois Hennebique）在赖因堡（Bourg la Reine）为自己建造了一座钢筋混凝土别墅，用以推广钢混结构的使用。1894年他在巴黎修建了世界上第一座钢混框架结构的教堂——蒙玛尔特教堂（Saint Jean de Montmartre）。（图20）（图21）佩雷（Auguste Perret）设计的巴黎富兰克林路25号公寓（Apartments, 25-bis Rue Franklin）是一座八层的钢混框架结构建筑，框架间被填充了褐色的墙板，形成了朴素大方的外表。一切附加的装饰都被去除，但看起来并不觉得单调乏味。（图22）同为他设计的庞泰路车库（Garage in the Rue de Ponthieu）也具有类似的特征。第一次世界大战期间，法国工程师弗雷西内（Eugène Freyssinet）在巴黎近郊修建了一座巨大的飞艇库。建筑由一系列的混凝土拱顶构成，跨度达到96米，高达58.5米，如此庞大的体量充分显示了新技术对建筑形式的巨大推动作用。

八、表现主义、风格派与构成主义

表现主义出现在20世纪初的德意志地区。在建筑领域，表现主义建筑师力图打破传统的线面结构，并通过夸张的曲线造型来塑造全新的建筑形式。他们抛弃了传统的均衡、对称等设计原则，追求形体及空

间的不对称、冲突与动势。

德国建筑师门德尔松（Erich Mendelsohn）是该流派的代表性人物，其于1920年建成的波茨坦市爱因斯坦天文台（Einstein Tower, Potsdam）是表现主义最重要的作品。（图23）这座天文台的设计构思体现了表现主义建筑师将个体感觉物质化的独特手法。20世纪初爱因斯坦提出相对论后，在全球引起了广泛关注，但对于普通大众而言，这个理论始终是十分深奥与神秘莫测的。门德尔松抓住了这种公众感受，并将其作为了建筑造型的表现主题。他用混凝土和砖塑造了一座充满混沌意味的流线型建筑，在建筑中看不到一根严格意义上的直线，所有的外表似乎都在流动、扭转。

1917年，荷兰的一批青年艺术家成立了名为"风格派"的造型艺术团体，成员中包括著名画家蒙德里安（Piet Mondrian）、建筑师里特弗尔德（G. T. Rietveld）等。他们追求艺术的抽象与简化，认为最好的艺术形式是基本几何图形的组合与构成，色彩上则以纯粹的三原色和黑白灰关系最为重要。里特弗尔德设计的荷兰乌德勒支（Utrecht）住宅是风格派建筑的典型代表。（图24）这是一座由简单的立方体、大面积的板片墙体与玻璃互相错落穿插而成的建筑，局部装饰了三原色的饰带，整座建筑在意趣上与蒙德里安的绘画十分相似。在第一次世界大战前后，俄罗斯的一批青年艺术家受到立体主义的影响，形成了名为"构成主义"的流派。他们热衷于将抽象几何体组成的空间形体作为造型艺术的表现内容，强调空间的运动感。塔特林（Vladimir Tatlin）在1920年完成的第三国际纪念塔（Monument to the Third International）是构成主义风格的典型代表。这座纪念塔由一座自下而上逐渐收缩的螺旋形钢架与一座斜向的钢架组合而成。钢架内悬挂了四个体块，分别按一年、一月、一日、一小时的速度自转。按设计方案，这座建筑完成后高度将达303米，与埃菲尔铁塔相当。（图25）

九、装饰艺术运动

装饰艺术运动是20世纪20年代在法国、美国等欧美国家广泛开展的一次设计运动。它与现代主义建筑运动几乎同时发生与开展，所以无论是材料使用还是设计形式上都能看到现代主义的影响。它反对复古主义，主张创造工业化、机械化、炫耀而张扬的美感。但从思想意识上看，装饰艺术运动更接近于工艺美术运动或新艺术运动，在很大程度上

22
23
25
24

22. 巴黎富兰克林路25号公寓
23. 爱因斯坦天文台
24. 乌德勒支住宅
25. 第三国际纪念塔模型

26. 纽约克莱斯勒大厦
27. 克莱斯勒大厦入口
28. 纽约帝国大厦

依旧表现为一种小范围内的、为资产阶级权贵服务的设计风潮，现代主义所提倡的平民化、民主化在其中几乎难觅踪迹，故而有的学者也将装饰艺术运动归为新艺术运动的延续与衍生。装饰艺术运动是一个多元化的设计运动，总的来说，其风格演变可分为三个阶段，即以法国为中心的早期阶段、以美国为核心的折线形摩登（Zigzag Moderne）阶段和流线型摩登（Streamlining Moderne）阶段。

以1925年巴黎装饰艺术与现代工业国际博览会为标志，装饰艺术运动正式登上了历史舞台。法国的装饰艺术运动主要专注于日用品的设计，美国的装饰艺术运功则在建筑领域产生了较明显的影响。20世纪20年代在以纽约为代表的大城市里，富于装饰效果的装饰艺术风格受到广泛欢迎，成为一股强劲的流行风尚。此时的建筑师热衷于以装饰为动机对各类新材料加以运用。在建筑造型上，则打破了旧有摩天楼的方盒子模式，喜爱将建筑主体呈阶梯状向上收分，形成折线式造型。

1930年完工的克莱斯勒大厦（Chrysler Building）由威廉·凡·阿伦（William Van Alen）设计，被誉为装饰艺术运动的纪念碑。（图26）（图27）这座建筑下部是具有折衷主义意味的折线式塔楼，整座建筑最突出的是上部的金属尖顶，其宛如花朵层层绽放，又像灿烂的太阳，光芒万丈，体现了浓郁的装饰意味。随后由威廉·兰柏（William Lamb）完成的帝国大厦（The Empire State Building）也体现了明显的折线形摩登特色，建筑逐步收束，最后以一座高耸的天线作为结束。两座建筑的室内装饰也具有明显的装饰艺术风格特征。（图28）

20世纪20年代末，美国装饰艺术运动出现了被称为流线型摩登的新潮流，这种风格追求以流线造型来塑造形体，强调时代感、运动感和速度感，更加接近于现代主义的表现方式。流线型摩登风格很快就对工业设计领域产生了巨大影响，在建筑领域也有所表现，但很多时候还是和折线形摩登风格混合使用。

案例解析 芝加哥窗

西方古典建筑的开窗由于受到石材力学性能的限制，普遍采用高而窄的纵窗样式。进入 19 世纪中叶后，随着结构技术的发展，钢铁结构已经可以克服石材的缺陷，被开出任意形状的窗洞。但囿于传统的审美习俗，此时的设计仍采用古典式的纵窗，掩盖了结构的真实性能。芝加哥学派兴起之后，他们大胆突破了古典陈规，将开窗方式改为横向长窗，这种前所未有的形式遂被称为"芝加哥窗"。芝加哥窗从结构性能出发，真实反映了功能需求，被广泛用于商业与办公建筑中，时至今日依旧是最实用可靠的开窗方式之一。（图 29）

29

29. CPS百货公司大厦的芝加哥窗

第二节 现代主义建筑的诞生及其代表人物

一、格罗皮乌斯与包豪斯学派

格罗皮乌斯是著名的现代主义建筑师、理论家与教育家。(图30)他于1883年出生于柏林,青年时曾专门学习建筑,后进入贝伦斯事务所工作,在此期间受到贝伦斯建筑思想的影响,并最终形成了自己的建筑设计观。他曾说:"贝伦斯第一个引导我系统而合乎逻辑地综合处理建筑问题,我坚信这样一种看法——在建筑表现中不能抹杀现代建筑技术,建筑表现要应用前所未有的形象。"1911年他与迈尔(Adolf Mayer)合作设计的法古斯工厂(Fagus Werk)完整体现了这种思想。(图31)这座工厂的布局完全从功能需要出发,不追求对称格局,厂区内办公楼的设计最为新颖。建筑为钢混框架结构,外墙面主要由铁板和玻璃组成,显得非常轻巧。在转角部分充分利用钢混结构的悬挑性能,取消了角柱,直接让玻璃墙面转折过去,与贝伦斯涡轮车间中厚重虚假的转角相比,真实体现了材料与技术特性,在艺术效果上取得了明显进步。1914年格罗皮乌斯设计的德意志制造联盟科隆展览会办公楼,同样采用了大面积的透明玻璃外墙,尤其是楼体上的两座旋转楼梯,结构与使用者完全暴露在大众的视线之下,给人以前所未有的感受。(图32)

1919年格罗皮乌斯在德国魏玛组建了著名的包豪斯设计学院(Bauhaus)。在其指导下,学院教育注重艺术与技术的统一,提倡设计要了解现代工业技术并遵从自然与客观法则。一大批最前卫的青年艺术家被邀请到学院来任教,包豪斯由此成为当时欧洲前卫艺术的核心基地,也成为现代主义建筑思想的发源地与人才培养大本营。1925年格罗皮乌斯为包豪斯设计了一座新校舍,主教学楼采用钢混框架结构,外罩大面积玻璃。建筑一律采用无挑檐的平屋顶,外墙无任何附加装饰,仅用白色抹灰。格罗皮乌斯成功地将不同功能的体块有机地组合起来,形成了一座前所未有的多功能、多中心、多轴线、多入口的公共建筑。这座建筑充分体现了包豪斯学派注重空间设计,强调功能与技术的协

30. 格罗皮乌斯
31. 法古斯工厂办公楼

调性，强调经济性，统筹考虑建筑美学与建筑用途、材料性能的特点。（图33）1937年，在纳粹的迫害下，格罗皮乌斯被迫远赴美国。他在美国广泛传播包豪斯学派的基本观点，对美国现代主义建筑的发展起到了重要的推动作用。

二、勒·柯布西耶与《走向新建筑》

勒·柯布西耶是现代主义建筑运动中的激进分子与旗手，是20世纪最重要的建筑师之一。（图34）他从未受过正规的学院派建筑教育，是一位从实践中走出的大师。从20世纪20年代开始，直至去世之前，柯布西耶不断地以新锐的观点与作品使世人震惊，堪称一位狂飙猛进式的人物。

柯布西耶1887年出生于瑞士，1908年在巴黎著名建筑师佩雷处工作，后又转入柏林贝伦斯事务所工作。佩雷擅长使用钢混结构，贝伦斯的设计则具有突出的现代主义特征，这两段工作经历对柯布西耶日后的设计方向产生了重要影响。1923年，柯布西耶出版了一本名为《走向新建筑》（Vers une Architecture）的文集，引起了建筑界的极大震动。这本书是一部宣言性质的小册子，里面充满了激昂乃至狂热的言语，虽然内容稍显芜杂，但中心思想非常明确，就是要激烈否定19世纪以来陈陈相因的复古主义、折衷主义风格，主张创造全新的建筑。这本书的出现，对现代主义建筑思想体系的形成起到了决定性作用。在书中，柯布西耶提出了住房是居住机器的观点，鼓吹以工业化的方式大规模建造住宅。对于建筑形式，他强调原始的形体是美的形体，赞美并推崇简单几何体的形式。

1926年，柯布西耶针对住宅设计又提出了著名的"新建筑五要素"（Cinq Points d'une Architecture Nouvelle），即底层架空、屋顶花园、自由平面、自由立面、横向长窗。其于1930年完成的萨伏伊别墅（Villa Savoy）就是五要素的集中体现。（图35）（图36）建筑主体是简单的横向长方体，为增添变化使用了少许曲线墙面。房屋总的体型虽简单，但内部空间却十分复杂，既有架空的停车场，还有屋顶花园以及罕见的室内坡道，宛如一座精巧的机器。他于1932年完成的巴黎大学城瑞士学生宿舍（Pavillion Suisse à La Cité Universitaire）也具有类似特征，主体高五层，采用单纯的长方体造型，底层以粗大的立柱架空，外部采用大面的玻璃窗。

"二战"后，欧洲再次面临繁重的重建任务，此时已年近六旬的柯布西耶在设计创新上却没有丝毫停滞。他在马赛郊区设计的一座17层的公寓大楼（Unité d'Habitation, Marseille），为城市居住建筑提出了一种新的模式，其粗犷的外表还推动了后期"粗野主义"（Brutalism）的发展。（见章前页图2）1954年在法国东部山区完成的朗香教堂（Chapelle Notre-Dame-du-Haut de Ronchamp）可谓是柯布西耶继发表《走向新建筑》之后的又一次惊世之举。这座建筑完全抛弃了他本人自20世纪20年代以来极力坚持的理性原则与简单几何体造型，采用了具有表现主义特征的奇特曲线造型，创造了一种前所未有的教堂样式。教堂平面是不规则的，外立面在每个角度的形象都不同，观者根本无法预测下一步会看到何种景象。教堂内部光线暗淡，仅有的阳光通过墙壁上不规则的小窗射入室内。天棚下垂，墙壁弯曲倾斜，开窗大小不一，一切的一切都是那么的混沌与不定，当教徒来到这里，面对这一切，似乎会丧失对世界及自身的认知与控制，只能感受到"至高无上"的"神性"。（图37）（图38）

三、"少就是多"——密斯·凡·德罗

密斯·凡·德罗1886年出生于德国一个石匠家庭，没有受过正规的建筑学教育，甚至连正式的高中学历都没有，但通过长期的实践积累，他在建筑界获得了巨大成功。（图39）密斯对现代主义建筑最大的贡献在于其发展出了一种极端简约的设计风格。这种风格的特点是：建筑具有简洁且骨架露明的外观，内部空间灵活，整体性好且富有流动性，细部

35
36
38
37

35. 萨伏伊别墅
36. 萨伏伊别墅内景
37. 朗香教堂
38. 朗香教堂室内

39 | 40
41
42

39. 密斯·凡·德罗
40. 西班牙巴塞罗那博览会德国馆
41. 图根德哈特住宅
42. 范斯沃斯住宅

简练但精致典雅。有学者将其总结为"少就是多""纯净形式""模数构图""全面空间"四个基本特征，并命名为"密斯风格"。密斯风格是现代技术与艺术相互融合的典范，在20世纪50至60年代曾风靡全世界，时至今日依旧对当代建筑与世界城市风貌有着深远影响。

1928年，密斯提出了著名的"少就是多"（Less is More）设计原则，标志着"密斯风格"走向成熟。1929年密斯设计了西班牙巴塞罗那博览会的德国馆（Barcelona Pavilion），这座建筑忠实地体现了"少就是多"的原则，以前所未有的简约典雅造型轰动了整个建筑界。这座建筑宛如一个精致的工艺品，主体是由八根金属柱撑起的一片薄薄的平屋顶，地板与屋顶之间以透明玻璃和精致的石墙予以分隔，室内外空间穿插贯通，充满了流动性。所有构件之间的交接都干脆利落，没有任何额外的装饰。建筑用材也很考究，各色大理石配上闪亮的镀铬钢柱、透明玻璃，使整座建筑散发着高贵、雅致与鲜亮的气息。（图40）1930年，密斯为捷克资本家图根德哈特（Tugendhat）设计的住宅也具有类似的特征。（图41）1930年密斯继任包豪斯校长，1937年移居美国，在美国期间，密斯通过深入钻研现代结构技术，成功地将钢结构与玻璃紧密结合，发展出了被称为"技术精美主义"的设计风格，将现代主义建筑发展推向了高潮。

1950年，密斯为一位单身女医生设计了著名的范斯沃斯住宅（Farnsworth House）。建筑由为数不多的钢柱支撑起轻薄的屋顶和底面，最令人惊讶的是密斯对室内空间的处理——除了卫生间等必须予以遮挡的部分外，几乎所有墙面都是由透明玻璃制成。这座宅邸将密斯风格发挥到了极致，工艺与材质也是精益求精，但这件技术上如此完美的作品却忽略了最基本的人文与社会环境，忽略了个人的感受，使居住者宛如身处玻璃展柜之中。范斯沃斯住宅以极端化的方式暴露了现代主义建筑的普遍缺陷：过于强调功能、热衷表达结构材质而不顾及其他。这些问题使范斯沃斯住宅在建造过程中就招致了广泛的批评，甚至工程尚未完工，业主与密斯之间就已决裂。（图42）

四、赖特与有机建筑

弗兰克·劳埃德·赖特（Frank Lloyd Wright）1869年出生于美国威斯康星州，是西方建筑史上最富有浪漫气质的建筑师之一。（图43）赖特把自己的建筑称为有机建筑,但何为有机,赖特也未能给予明确回答。但有一点可以肯定,就是他强烈反对以柯布西耶为代表的机器美学观点,强调与自然的和谐性,强调人性化的重要性。从创造新建筑形式、使用新材料的角度看,赖特毫无疑问是一位现代主义者,但与同时代的其他大师相比,他的作品又和一般意义上的现代主义建筑有着很大差异。

赖特的早期作品以住宅为主,他在美国中西部草原地区完成了一大批具有传统民间建筑特色,又突破了旧有住宅构图与空间形式的作品,这种住宅形式被称为"草原式住宅",如芝加哥罗比住宅(Robie House)。(图44)1936年赖特在宾夕法尼亚州匹兹堡郊区完成的流水别墅(Fallingwater)是其住宅设计的代表作,堪称西方现代建筑的永恒经典。流水别墅坐落于一处溪流之上,建筑采用钢混结构,最高处为三层,每层的楼板宛如一个个托盘,轻盈地支撑在墙和柱墩之上。各层楼板的大小、方向均不相同,但都充分发挥了钢混结构的悬挑能力,向各个方向远远伸出,若干平台甚至直接跨越于溪流之上。各层外部或围以石墙,或采用大片玻璃,甚至还会让山石直接进入室内。整座别墅以一种疏密有致、虚实相间的方式,将建筑与自然融为一体,体现了"有机建筑"富有诗意的栖居方式。(图45)(图46)

20世纪40年代,赖特在纽约为富豪古根海姆(Guggenheim)设计了一座博物馆(The Guggenheim Museum, New York)。博物馆主体是一个高约三十米的倒圆锥形空间,外表采用纯净的白色,在高楼林立的街区中显得非常突出。建筑最大的创新在于其内部不分楼层,而是以坡道盘旋而上,展品就沿坡道陈列,观众可沿坡道边走边看。这座建筑是赖特的得意之作,他曾说:"在这里,建筑第一次表现为塑性的,一层流入另一层,处处可看到构思与目的性的统一。"这种布置方式诚然非常新奇,也使观众可以从不同高度饱览各种奇异的室内景观,但随时站立在倾斜的地面上欣赏作品却令大多数人难以接受,坡道的宽度限制也使远距离欣赏展品难以实现。《纽约时报》(*New York Times*)曾就此发表评论,称赖特获得了"代价惨重的胜利"。该建筑是一座赖特的纪念碑,但并非一座成功的博物馆建筑。(图47)

43
44
45 46

43. 赖特
44. 芝加哥罗比住宅
45. 流水别墅
46. 流水别墅外部的悬挑楼板

五、阿尔托与人性化建筑

阿尔瓦·阿尔托（Alvar Aalto）是两次世界大战期间出现的一位杰出的建筑师，他虽没有被冠以"大师"的头衔，但其在"二战"前后开创的人性化建筑风格极大地丰富了现代主义建筑的创作内容与手法，并直接影响了后现代主义建筑的发展。与赖特的有机建筑相比，阿尔托作品的适用范围与社会意义都要广泛许多。他在坚持现代主义原则的同时，非常注重人与自然的交流关系，重视地域特色和传统材料的继承与表达。

1933年建成的帕米欧疗养院（Tuberculosis Sanatorium at Paimio）凭借细致而人性化的功能与造型处理，一举奠定了阿尔托在现代建筑界的地位。疗养院内最重要的是一座七层钢混结构的病房大楼，大楼外部逐层设有供病人使用的敞廊，且建筑朝向东南，通过细致的安排，使每个病房都有良好的采光与通风条件。在外观上，阿尔托将结构与造型统一处理，丝毫没有掩饰钢混框架的特征，形成了简洁明快、朴素有力的造型风格。（图48）

1939年完工的玛利亚别墅（Villa Mairea）是阿尔托在住宅设计上的大胆尝试。别墅的造型主要由几个规则几何体组成，用材多取自当地，除主体的钢混结构外，在外墙上交替使用了白粉墙、木板条、光滑石面与粗糙的毛石墙。柱子的形式也非常丰富，有混凝土柱、天然的粗树干，甚至还有由细树干捆扎而成的束柱。整座建筑虽然出于人工，却充满了与自然对话的气息。在功能问题上，阿尔托也以人性化的态度做了精心处理，如为消除室内混凝土柱子的冰冷感，专门在人们容易触及的部位缠绕上藤条，使人感觉到柔软与温暖。别墅建成后引起了广泛关注，它展现了现代建筑前所未有的魅力，而魅力的核心就在于其从功能与心理上以人性化的态度对待使用者，这种观念不仅影响了日后的住宅设计，更对整个建筑界产生了深远影响。（图49）

48
49
47

47. 纽约古根海姆博物馆
48. 帕米欧疗养院
49. 玛利亚别墅

案例解析 现代建筑与现代主义建筑

现代建筑（modern architecture）与现代主义建筑（Modern Architecture）是两个容易被混淆的概念。现代建筑是以时间段来界定的类型概念，通常人们把 20 世纪以来于世界各地出现的建筑统称为现代建筑。现代主义建筑则是一个较为严格的风格概念，主要指那些摆脱了传统建筑的束缚，能适应工业化社会的新式建筑。其核心设计观念主要是：重视功能与经济性，适应工业化社会的生产与生活；积极使用新材料与新技术，并发挥其特性；积极创造全新的建筑形式，坚持功能与形式的统一性；注重结构与造型的逻辑性，注重空间的流动性，追求简洁的处理手法和纯粹的体块。（图 50）（图 51）

50 | 51

50. 安藤忠雄（Tadao Ando）设计的大阪住吉长屋（Row House in Sumiyoshi）具有明显的后现代主义特征，但也属于现代建筑的范畴

51. SOM设计所完成的纽约大通曼哈顿银行（Chase Manhattan Bank），是典型的国际式风格现代主义建筑

第三节 现代主义建筑风格的多元化

52

53

54

52. 纽约联合国大厦

53. 芝加哥汉考克大厦

54. 西尔斯大厦

一、国际式风格与高层建筑

在"二战"前后，现代主义建筑发展出了一种较为统一的艺术风格，这种风格在世界各地得到了广泛运用，由此得名"国际式"风格（International Style）。"国际式"建筑强调功能性，不重视装饰与地方文化传统。造型大都为简单几何体，采用平屋顶和光滑的墙面，墙上开规则的矩形窗口，后期还出现了大面积的玻璃幕墙。用材以钢、混凝土与玻璃等工业化产品为主。国际式风格是现代主义建筑高潮期的代表性风格，在欧美各国的高层商业建筑中体现得最为明显。

纽约联合国大厦（United Nations Headquarters）是国际式风格的标志性作品。这座建筑由秘书处大楼、大会大厦、会议大厦、图书馆四部分组成。最重要的秘书处大楼地上有39层，采用非常简约的长方体造型，东西两面全部是蓝绿色玻璃幕墙，南北两侧为实墙。（图52）

SOM设计事务所是西方最重要的建筑设计事务所之一，它对国际式风格的推广起到了至关重要的作用，由此也曾被称为"国际式建筑的堡垒"。事务所的作品深受密斯风格的影响，以钢与玻璃为核心，自20世纪50年代以来创作出了一系列具有里程碑意义的高层商业建筑。1952年完成的纽约利华公司大厦（The Lever House）是世界上第一座通体使用玻璃幕墙的高层办公建筑。1961年，事务所完成了60层的纽约大通曼哈顿银行，1969年完成了100层的芝加哥汉考克大厦（John Hancock Center）。（图53）大厦造型为长方锥形，钢结构内嵌玻璃幕墙，X形的钢结构斜撑起到了显著的装饰效果。1974年完成的西尔斯大厦（Sears Tower）达到了110层，大厦造型是一个渐次收缩的长方体，全部为玻璃幕墙包裹，造型非常简洁明快，但又蕴含着巨大的力量。（图54）

二、粗野主义与典雅主义

粗野主义是20世纪50至60年代流行的一种艺术形式。建筑领域的粗野主义肇始于柯布西耶，他在瑞士学生宿舍和马赛公寓等建筑上刻意使用了大面积不加修饰的混凝土墙面，并使用沉重粗大的构件使其与其他结构"冷酷"地碰撞衔接起来。这种手法在某种意义上可以说是对密斯风格的反击，相对精致而昂贵的密斯风格，"粗野主义"以相对"经济"的手段进行着新形式的探索。1957年完成的印度昌迪加尔行政中心（Government Center, Chandigarh, India）是柯布西耶晚年的重要作品。建筑造型充分考虑了当地的炎热气候，设置了大量的遮阳散热设施。外立面均为不加修饰的混凝土表面，局部还施以鲜艳的色彩。建筑群通过功能与材料表达出的雄浑气势与权力感，体现了粗野主义强大的视觉冲击力。（图55）此外如英国的史密斯夫妇（A&P. Smith）、斯特林（Sir James Sterling）、鲁道夫等人亦被冠以粗野主义的标签。鲁道夫设计

的耶鲁大学建筑与艺术系大楼高七层，但内部各层地面高低错落变化多端，空间形式非常丰富。外墙采用了类似灯芯绒的素混凝土材料，显得别具一格。（图56）

典雅主义（Formalism）是与粗野主义相反的一种倾向，它致力于运用传统美学原则使现代材料与技术产生严整典雅、庄严肃穆的效果，追求建筑结构与形式的精致化、细腻化。典雅主义在风格内涵上与技术精美主义（Perfection of Technique）比较接近，但前者主要针对钢混结构，后者则专注于钢结构与玻璃。

菲利普·约翰逊（Philip Cortelyou Johnson）1966年完成的谢尔登艺术纪念馆（Sheldon Museum of Art）在中央门廊处使用了高大的混凝土立柱，柱身采用富于变化的棱形曲面造型，曲面在顶部相互衔接形成圆形券窗，整体造型既古典又新颖。（图57）

1955年斯东（Edward Durell Stone）设计的美国驻新德里大使馆（United States Embassy, New Delhi, India）以镀金钢制柱廊配合白色的陶制漏窗式双层玻璃幕墙，漏窗节点处还饰以金色圆钉，建筑外观显得端庄典雅，金碧辉煌。（图58）

山崎实（Minoru Yamazaki）以麦格拉格纪念会议中心（Mcgregor Memorial Conference Center）外廊为起点，发展出了一种典雅、修长的白色柱状尖券结构。这种具有复古主义意味的形式曾被山崎实广泛使用，如1964年西雅图世博会太平洋科学馆（The Pacific Science Center at the Seattle Center）、西北互助人寿保险公司大楼（The Northwestern Mutual Life Insurance Company）等，其中最著名的作品当属纽约世贸中心大楼（World Trade Center）。大楼外墙以密集排布的钢柱构成，钢柱外包银色铝板，顶端与底部使用了山崎实标志性的尖券手法。（图59）

三、技术精美主义与高技术倾向

技术精美主义是现代主义建筑在"二战"后占主导地位的设计手法，是密斯风格国际化、商业化的结果。通过以密斯为代表的一大批建筑师的不断努力，该手法形成了精确、纯净的钢与玻璃盒子风格。

密斯在范斯沃斯住宅后，于20世纪50年代初完成了芝加哥湖滨公

55
56
57
58

55. 印度昌迪加尔行政中心
56. 耶鲁大学建筑与艺术系大楼
57. 谢尔登艺术纪念馆
58. 美国驻新德里大使馆

寓（Lake Shore Building）。这两栋26层的高层公寓外墙全部为钢和玻璃，具有强烈的工业化气息，标准化的幕墙构件使建筑宛如积木垒砌，充分展现了模数化构图。（图60）1958年完成的西格拉姆大厦（Seagram Building）是技术精美主义的标志性作品，充分体现了密斯风格精致典雅的特色。大厦造型为简练的长方体，细部使用了昂贵考究的紫铜窗框、琥珀色玻璃幕墙，加上精致的加工工艺，其在建成后的很长时间内一直被誉为纽约最华贵的商业大楼。（图61）

1968年完成的西柏林新国家美术馆（National Gallery Berlin）则把技术精美主义推向了极致。这是一座造型极其洗练的建筑，大平屋顶，下部是矩形的玻璃盒子主体，主体内部是没有任何分隔的所谓"全面空间"。为赋予建筑最醒目的结构特征，密斯把通常置于角部的立柱挪到矩形的四个边上，八根钢制的立柱与檐部梁架直接相交，但最令人惊讶的是交接节点按照力学结构被精简成了一个小圆球，真正体现了密斯风格"少就是多"的核心思想。（图62）

在密斯之后，SOM事务所、小沙里宁（Eero Saarinen）、约翰逊等机构与建筑师的作品也深受技术精美主义的影响。至20世纪70年代，随着世界经济危机的爆发，奢华的密斯风格受到很大打击，加之无框玻璃幕墙的出现，最终使密斯风格走入了历史。

高技术倾向的源起可以追溯到现代主义建筑的萌生期，混凝土、钢结构都属于当时的高技术。20世纪50年代后随着玻璃幕墙、高强度钢材、铝型材、高强水泥、塑料制品等新材料的不断涌现，高技术倾向获得了更广阔的发展前景。1961年布罗伊尔（Marcel Breuer）完成的法国IBM公司研究中心（IBM France Research Center）采用了标准化的高强钢混预制构件。建筑底层架空，Y字形支柱宛如奋力托举重物的勇士。上部是方形框架和玻璃窗，充满了模数构图的意味。整个建筑通过形体比例的细致推敲和精确细致的施工，使看似简单的预制构件获得了不凡的组合效果。（图63）

1962年由SOM事务所完成的科罗拉多空军士官学院教堂（Chapel, U.S. Airforce Academy, Colorado）也是一件高技术作品。建筑由一系列

59
60
61
62

59. 纽约世贸中心大楼底部的尖券造型
60. 芝加哥湖滨公寓
61. 西格拉姆大厦
62. 西柏林新国家美术馆夜景

63. 法国IBM公司研究中心
64. 科罗拉多空军士官学院教堂
65. 珊纳特赛罗镇中心主楼

尖锐的三角形四面体构成,主要结构材料是钢管、铝皮与玻璃,体现了强烈的机器美感,同时尖锐上升的造型唤起了人们对中世纪哥特风格的记忆。(图64)1971年贝卢斯奇(Pietro Belluschi)在旧金山完成的圣玛丽主教堂(St. Mary's Cathedral)以混凝土薄壳取得了另一种完全不同的效果。教堂平面为方形,四片向上的双曲线薄壳自正方形底座的四角升起,随高度上升逐渐变成四片直角相交的平板。一方面,它们塑造了冷峻上升的外形,另一方面,四片薄板顶部和侧面的交线形成了自然的采光窗和十字架造型,造型手法之精巧,令人赞叹。(见章前页图3)进入20世纪70年代后,后现代主义(Post-Modernism)建筑开始兴起,高技术倾向则依旧在延续,并逐步发展壮大。

四、有机化——人性化与地域特色的追求

有机化与多元论是"二战"后现代主义建筑偏于"感情"的一个发展方向,两者都致力于摆脱国际式的束缚,相对而言,有机化注重建筑人性化与地域特征的展现,而多元论则侧重建筑个性化、象征化的表达。

赖特与阿尔托是战前有机化建筑的开拓者。"二战"后,阿尔托延续早期的手法,继续发展着独特的人性化建筑。1955年完成的珊纳特赛罗镇中心主楼(Town Hall of Saynatsalo)是一座办公综合体,阿尔托巧妙地利用地形,将建筑化整为零,围绕一个内院布置,使建筑体量在观者沿道路进入时得以逐步展现,消除了大体量建筑的突兀感,增强了与周围自然环境的融合。建筑采用简单的几何体块造型,材料则使用了具有本地特色的木材和红砖。(图65)此外如卡雷住宅(Masion Carre)、沃尔夫斯堡文化中心(Wolfsburg Gultural Center)等作品都具有强调适宜的尺度、强调融入当地环境、重视使用地域性材料的特征。

20世纪50年代末,以丹下健三为代表的一批日本建筑师开始探求具有本土特色的现代主义建筑风格。1958年完成的香川县厅舍(The Kagawa Prefectural Government Hall)是一个重要尝试。虽然建筑外表使用了粗犷的混凝土,被认为具有粗野主义倾向,但从细部处理上看,各层露明的梁头、阳台栏板的形式与比例都散发着日本传统木结构建筑的气息。类似的手法在后现代主义时期被广泛使用,上海世博会中国馆亦可视作此种手法的延续。(图66)

在第三世界国家,以印度建筑师柯里亚(Charles Mark Correa)为代表,对于地域性的探索也颇有建树。典型作品如甘地纪念馆(Gandi Smarak Sangrahalaya Ahnedabad, India)、孟买的干城章嘉公寓(Kanchanjunga Apartments)等。

五、多元论——个性化与象征主义的倾向

相对于有机化的普遍性发展,个性化、象征化的倾向更像建筑师的个人表演,柯布西耶的朗香教堂、赖特的流水别墅、古根海姆博物馆都可以归入此类,但"二战"后最具代表性的建筑当属贝聿铭完成的华

盛顿国家美术馆东馆（The East Building of the National Gallery of Art）。贝聿铭是一位杰出的第二代现代主义建筑大师，注重抽象形式、善于运用几何体构图、善于使用地方文化元素是其作品的主要特征。东馆的建筑造型以三角形为母题，通过反复切割拼合，形成了极富新意的空间效果，整体造型清新典雅，个性非常突出。随后完成的北京香山饭店、卢浮宫改造工程等，均具有类似的风格特征。（图67）

小沙里宁因作品往往具有强烈的雕塑感，呈现了非凡的艺术想象力，由此也被认为是后现代主义建筑的重要先驱之一。1958年完成的耶鲁大学冰球馆（David Ingalls Hockey Rink in Yale University）和1959年完成的圣路易斯市大券门（Gateway Arch）就体现了这种特征。他在20世纪60年代完成的两座候机楼则被视为是个性化倾向的代表。杜勒斯机场候机楼（Main Terminal of Dulles International Airport）整个屋顶仅靠两排巨大的钢混斜柱支撑，斜柱间张挂钢索作为承力结构，在重力作用下，钢索自然下垂，形成了极富张力感的屋面曲线。（图68）环球航空公司候机楼（TWA Terminal, Kennedy Airport）则宛如一只振翅欲飞的大鸟，建筑的屋顶由四片混凝土薄壳组成，下部是曲线形的巨大支柱，造型充满了流动感。（见章前页图4）

丹麦设计师伍重（Jørn Utzon）设计的悉尼歌剧院（Sydney Opera）也是个性化突出的作品，他将建筑设计成宛如迎风疾驰的帆船一样，使其很好地融入了当地环境。这座雪白的风帆状建筑现在已成为悉尼乃至于澳大利亚的象征。虽然由于过于注重形式问题，其内部功能有诸多不合理之处，但其创新性的手法在打破国际式风格的禁锢、开辟新的建筑发展道路方面，还是具有重要的意义。（图69）

66
67
68
69

66. 香川县厅舍
67. 华盛顿国家美术馆东馆
68. 杜勒斯机场候机楼
69. 悉尼歌剧院

案例解析 普赖斯大厦——赖特晚年的个性化作品

普赖斯大厦（Price Tower）位于美国俄克拉荷马州，1956年建成，是一座19层的商住混合高层建筑，也是赖特唯一的高层建筑作品。设计这座大楼时赖特已年近九旬，但依旧显示了旺盛的创造力。建筑造型利用水平线、垂直线与棱形相互穿插交错，具有突出的模数化构图效果，与当时如日中天的密斯风格相比，已经具有了明显的后现代主义意味。大楼的细部装饰很精致，外墙面以混凝土和玻璃为主，还悬挂安置了一系列青铜装饰板，使这座现代建筑充满了古典主义的庄重气息。建筑在结构上也有独到之处。与常规的钢混框架不同，各层的荷载借助楼体的穿插造型，被集中到中央的四座竖井及由其引出的四面厚墙上，构思非常独特。（图70）

70

70. 普赖斯大厦

第五章
现代主义之后的建筑思潮与实践

20世纪60年代后，欧美发达国家的建筑发展进入了一个新的历史阶段，形成了不同于现代主义的建筑思潮与实践。有学者将此类思潮命名为"后现代主义"。进入20世纪70年代后，建筑发展多元化的势头日益明显，各种纷繁复杂的流派不断涌现，学界一般均将其归入后现代主义建筑的范畴，或将其称为"现代主义之后的建筑"。

建筑界后现代主义概念的提出与资本主义社会的发展密切相关。20世纪60年代后，西方发达资本主义国家逐步进入后工业化时期，以钢结构和玻璃幕墙为标志的国际式建筑也发展到巅峰阶段。此时的现代主义建筑已呈现出高度机器化的特征，并坚持过度强调理性、简洁，过于信奉技术至上的设计教条，这些倾向使现代主义本身具有了强烈的教条主义意味。

在国际式建筑的统治下，世界各国的地域特色、民族传统日渐消失，文化多样性遭到了严重破坏。与此同时，随着经济的发展，社会大众对自然生态与人文关怀日益重视，而工业文明与人性的对立却不断加强，对自然环境的破坏也日渐显著。在此背景下，以工业化为最大特征的现代主义建筑受到质疑与批判，也就不足为奇了。于是自20世纪70年代后，众多富有创新精神的建筑师从不同角度对现代主义的设计原则与美学观点发起了全面挑战，逐步打破了国际式的禁锢，使建筑发展呈现出了百花齐放的势头。进入21世纪后，新的建筑风格与艺术流派更是层出不穷，变化多端。此时的建筑界已没有了权威与固定模式，早期贴标签式的流派划分方法已显得越来越无能为力，在资本与市场的推动下，一切都显得愈发动荡与不安。

1	2
3	4

1. 博尼芳丹博物馆
2. 布拉格尼德兰大厦
3. 罗马千禧教堂
4. 柏林奥林匹克室内赛车游泳馆

第一节 后现代主义

后现代主义是在对现代主义提出广泛质疑的背景下诞生的，是最早出现的一种后现代建筑风格。这种艺术风格本身具有很强的杂糅性，但总体而言，它一般指一种吸收各种历史建筑元素，并运用讽喻手法的折衷风格。后来这种风格也被称为后现代古典主义（Postmodern-Classicism）或后现代形式主义（Postmodern-Formalism）。

1962年美国建筑师文丘里（Robert Venturi）为他的母亲设计了一座住宅（Vanna Venturi House），这座住宅采用了具有古典意味的坡屋顶，房屋正立面被做成与古典神庙山花类似的形式，中间还深深地断开，从中仿佛可以看到巴洛克的身影。正面中央开着巨大的门洞，但实际上真正的门却开在洞口内的侧墙上。文丘里用非传统的手法将一系列传统碎片拼接起来，以戏谑的态度，利用古典元素瓦解了现代主义的设计与审美原则。（图1）1976年他为俄亥俄州欧柏林学院设计了爱伦美术馆（Allen Memorial Art Museum, Oberlin College）的扩建部分，在建筑转角上孤立地安置了一根短粗的爱奥尼柱。（图2）这一手法再次显示了文丘里对于古典元素的态度：它是一个片段、一件装饰，甚至是一个玩具。在不断以实际作品表明自己态度的同时，文丘里也以论著对现代主义发起了冲击。在20世纪60至70年代，他先后发表了《建筑的复杂性与矛盾性》（*Complexity and Contradiction in Architecture*）、《向拉斯维加斯学习》（*Learning Form Las Vegas*）两本著作，对现代主义进行了激烈批判。

1978年，曾是现代主义建筑运动倡导者的约翰逊设计并建造了纽约电话电报大楼（AT&T Building），彻底颠覆了人们所熟悉的摩天楼形式。这座建筑的外表大面积覆盖花岗岩，纵向按照古典方式分为三段，顶部是一个开有圆形缺口的巴洛克式山花，底部在中央位置设有高大的拱门。设计师显然希望自己的作品告别钢铁与玻璃构成的外壳，回到20世纪初纽约的历史风格中去。（图3）

格雷夫斯（Michael Graves）1982年完成的波特兰市政公共服务中心（The Public Service Building in Portland）曾使建筑界一片哗然。这座建筑外形是一个方盒子，但外观却非常花哨而艳丽，开窗大小不一，外墙色彩交替变换，最令人惊讶的是正立面上两根巨大的、脱胎于古典柱式

2 | 1
3 |

1. 文丘里住宅
2. 爱伦美术馆的爱奥尼柱
3. 纽约电话电报大楼

4
5
7 6

4. 波特兰市政公共服务中心
5. 新奥尔良市意大利广场
6. 斯图加特美术馆扩建工程
7. 筑波市政大厦

的饰物。这些与功能无关的饰物将建筑表现得宛如一幅彩色拼贴画，一举打破了摩天大楼以往的冰冷形象。（图4）

建筑师摩尔（Charles Moore）设计的新奥尔良市的意大利广场使用了大量的古典建筑片段，但却全然没有古典建筑的庄严肃穆。（图5）广场中心是黑白相间的铺地，柱廊被赋予红、橙、黄等鲜艳色彩，各种古典柱式杂陈其间，但柱头却被换成了闪亮的不锈钢材质。最别出心裁的是摩尔本人的头像被放在了柱廊上，口中还有水流喷出。一切的一切都充满了调侃与戏谑的意味，虽有人将其批作庸俗离奇，但广场为人们带来的新鲜与欢乐却是实实在在的。

相对于商业化气息浓郁的美国，其他地区对后现代主义的接受程度要低很多。斯特林的斯图加特美术馆扩建工程（Stuttgart Extension）是欧洲为数不多的优秀后现代主义建筑之一。（图6）整座建筑以厚重的墙体、石材贴面为特征，内部圆形的中庭能让人联想起充满仪式感与秩序感的古典广场。在素色的石材中，设计师不断以鲜艳的纯色打破统一的色彩秩序，弯曲的墙面也直接瓦解了以直线为核心的现代主义构图原则。矶崎新（Arata Isozaki）设计的筑波市政大厦（Tsukuba Civic Center）是日本后现代建筑的代表作。（图7）按矶崎新自己的解释，通过拼接使用历史片段，这座建筑呈现了自米开朗基罗到柯布西耶的一系列群体肖像，如建筑围绕的中心下沉广场就源自米开朗基罗的卡比多广场。

总体来看，后现代主义重新确立了历史传统的价值，承认建筑形式具有在技术与功能之外的象征与联想含义，恢复了装饰在建筑中的合理地位，并树立起兼容并蓄的多元文化价值观，从根本上弥补了现代主义建筑的一些不足。但后现代主义在实践中往往停留在玩弄符号与形式的层面，缺乏更深刻的内容，由此在20世纪80年代后这股风潮引起了较多的争议，并开始逐渐降温。

第二节 新理性主义

后现代主义在欧洲没有产生广泛的影响，但几乎与其同时，在意大利出现的"新理性主义"（New Rationalism）则形成了颇具影响力的建筑思潮。新理性主义也称坦丹札学派（La Tendenza），与后现代主义类似，新理性主义也围绕建筑的历史与传统问题展开讨论，但与前者热衷于吸收古典元素与符号不同，新理性主义的思考更深入，它要寻求的是一种基于文化与历史发展逻辑，合乎理性的建筑生成原则。

1966年罗西（Aldo Rossi）在《城市建筑》（The Architecture of the City）一书中提出了类型学理论，他认为城市建筑可以被简化为几种基本类型，而建筑的形式语言也可从传统建筑中提取，并被简化为几种最典型、简约的几何元素。1971年完成的圣卡塔多公墓（San Cataldo Cemetery）是其类型学理论的一次典型实践。公墓为一个方形院落，中轴线上依次分布着公共墓冢、墓室与灵堂。灵堂是一个橘红色的巨大立方体，其形式取自抽象化的住宅概念，同时也与意大利北部的传统住宅十分类似。（图8）1980年罗西为威尼斯双年展设计了水上剧场（Teatro del Mondo），在这座建筑中，纯粹的几何体显得宁静而平和。1994年完成的博尼芳丹博物馆（Bonnefanten Museum）则体现了罗西对更加丰富的材质与构造的追求，以及对地方传统更具有戏剧性的提取。罗西将当地的各类建筑意向融为一体，砖墙可以让人联想到工厂与住宅，中心的圆锥形塔楼似乎又在暗示着洗礼堂或钟楼，同时类似陶罐的造型还会使人追忆起这片地域作为制陶工厂的历史。（见章前页图1）

博塔（Mario Botta）是瑞士提契诺（Ticino）地区的建筑师，在该地区有一批建筑师长期致力于将传统与现代建筑相结合，由此也形成了提契诺学派（Ticino School）。博塔深受罗西类型学理论的影响，建筑大都为纯粹的几何体，体现了强烈的秩序感和古典精神。1973年完成的圣维塔莱河畔住宅（House at Riva San Vitale）是一个底面为正方形的棱柱体，入口由一道钢桥和山体连接。方形的体块让人联想到了当地的谷仓与瞭望塔，但严谨的几何体和艳丽的色彩又强化了建筑的人工属性，使其从自然环境中跳脱而出。（图9）1995年设计的旧金山现代艺术博物馆（San Francisco Museum of Modern Art）主体为长方形，外立面铺砌红褐色面砖，中央设置了一座巨大的黑白相间圆柱体，柱体上方开有天窗。简洁的造型、完全对称的正立面使这座建筑充满了古典式的沉稳格调。（图10）

昂格尔（Oswald Mathias Ungers）与罗西一样，致力于探讨建筑生成的结构原理，并将其归纳成了一种"抽象的秩序"。克里尔兄弟（R&L Krier）相比其他人，在回归传统的概念上最为激进，其将工业革命前的城市视为最理想的城市模式，并通过《城市空间》（Urban Space）一书，对城市街道与广场进行了深入的类型分析。

第三节 解构主义

12
13 | 11

11. 拉维莱特公园一角
12. 拉维莱特公园网格交叉点上的建筑
13. 俄亥俄州立大学韦克斯纳视觉艺术中心

解构主义（Deconstruction）兴起于20世纪80年代后期，该学派不仅质疑现代主义建筑，对现代主义之后的历史主义思潮也持批评立场。解构主义建筑师普遍认为在后现代时期，建筑很难通过符号传达意义的方式来回应各种社会问题，在这种思想的支配下，解构主义建筑呈现出了反权威、反秩序、反中心、反对二元论的特征。具体手法上则表现为将整体破碎化（解构），通过非线性的设计，实现几何形体的变形与移位，因而其整体往往呈现出破碎与凌乱的外观。

屈米（Bernard Tschumi）是解构主义流派中最富哲学思考的一位建筑师，其于1989年完成的拉维莱特公园（Parc de la Villete）是解构主义风格的标志性作品。屈米将公园场地按120米的间距划分为多个方格网，每个交叉点上均安置一座边长10米的红色钢结构立方体建筑，从而形成了一个"点"的系统，然后以穿插其间的道路组成"线"的系统，"点""线"之间是包括了科学城、广场、三角体建筑、环形体建筑的"面"的系统。整个建筑通过三个独立系统的叠合、碰撞与冲突，将看似分裂、不协调、不稳定的各种元素组合在一起，体现了解构主义对传统秩序的瓦解。（图11）（图12）

埃森曼（Peter Eisenman）也是一位具有浓厚哲学意味的解构主义建筑师，1989年完成的俄亥俄州立大学韦克斯纳视觉艺术中心（The Wexner Center for the Visual Art）是其代表作之一。（图13）艺术中心的构成元素也分为三个独立的系统，即一组白色金属框架、一组红褐色的碎片化砖砌体以及一堆层叠断裂的混凝土体块。覆盖着中央道路

15	14
16

14. 毕尔巴鄂古根海姆博物馆
15. 毕尔巴鄂古根海姆博物馆室内
16. 西雅图市图书馆

的金属框架看似是建筑的核心，但却是空虚与抽象的"非核心"。碎片化的砖砌体模拟了残缺断裂的拱门与塔体，能让人联想起建筑基址上原有的军火库老城堡。

盖里（Frank Owen Gehry）是一位特立独行的解构主义建筑师。他不谈哲学，只专注于设计，并且他极力颠覆古典传统，在文化与形式上充满了叛逆精神。20世纪90年代是盖里作品的成熟期。布拉格的尼德兰大厦（Nationale-Nederlanden Building）采用了独特的双塔造型，宛如一男一女依偎在一起。男性塔楼显得挺拔坚实，女性塔楼则婀娜而透明。（见章前页图2）毕尔巴鄂古根海姆博物馆（Guggenheim Museum，Bilbao）则通过一系列流动扭转的几何体，配合外表沉稳的石灰石和炫目的钛金属板，完全打破了人们关于建筑形式的固有概念，成功地改变了整个城市的意象。古根海姆博物馆被认为具有诗一般的动感，同时又充满了富丽堂皇的意味，故而也有人将此种设计风格称为现代巴洛克。（图14）（图15）

库哈斯以央视新大楼为契机，进入了中国社会大众的视线。但作为解构主义思潮的中坚人物，城市与建筑的互动发展才是库哈斯关注的重点。1987年完成的海牙国立舞剧院（National Dance Theatre in Hague）是其第一个重要作品，建筑以"尖锐、生硬"的体块切入城市边缘，表达了库哈斯对"二战"后城市中心空洞化、边缘荒废化的担忧。2004年完成的西雅图市图书馆（The Seattle Public Library）是一座典型的解构主义建筑，多边形的拼接体块、钢与玻璃构成的菱形表皮都能使人联想起央视新大楼。建筑内部空间突破了图书馆固有的分层、分区概念，以流动可变的空间分隔将阅读、存储、服务功能融为一体。（图16）

第四节 新现代主义

18

19

17

新现代主义（Neo-Modernism）流派的建筑师大都延续了现代主义的基本手法，但建筑语言变得更加丰富、更富有人情味与地域特色，也更加精致化。建筑中的漫游空间和对光的空间表达是他们共同的形式语言。

理查德·迈耶（Richard Meier）是新现代主义的代表性人物，其于1965年设计的史密斯住宅（Smith House）（图17）采用了具有柯布西耶风格的几何体块造型，但在外部环境处理上则更加注重建筑与场地和环境的有机联系，显示了新现代主义的进步。1983年完成的亚特兰大高级艺术博物馆（High Museum of Art）是其风格成熟的标志。（图18）建筑外部造型虽然复杂多变，但都统一在纯粹的白色中，显得生动而不凌乱。室内中庭顶部设置天窗，下泄的光线在中庭内营造出了动人的光影效果。（图19）1997年迈耶完成了盖蒂中心（Getty Center）的设计，这座规模巨大的博物馆由六组建筑群组成，迈耶成功地将大规模建筑群融入到环境之中。这座建筑也被人誉为新时代的雅典卫城。（图20）2003年完成的罗马千禧教堂（Jubilee Church）则更加生动而富有表现力。教堂主体以三片状如风帆的弧形墙体构成，光线自墙体间的天窗倾泻而下，经弧形墙面的反射，显得柔和而神秘。建筑材料只使用了简单的混凝土、石灰石与玻璃，整个建筑在一片纯净的白色中，通过与光的交织，形成了丰富的空间效果。（见章前页图3）

安藤忠雄是一位深受柯布西耶影响的日本建筑师，他强调材料的真实性，擅长使用混凝土，喜爱以单纯的几何体来塑造建筑形体与空间。1976年完成的大阪住吉长屋是一座二层私人住宅，内部两侧为住屋，中部为天井，建筑所有的窗户都开向天井，由此将光、风、雨等自然感觉引入居住生活中，呈现了建筑与自然的相互对峙与相互补充。1988~1989年完成的光之教堂（Church of the Light）与水之教堂

20. 盖蒂中心
21. 光之教堂内景
22. 水之教堂
23. 德方斯大门
24. 拉维莱特音乐城

（Church on the Water），堪称安藤忠雄最杰出的作品。光之教堂的主体是一个简单的长方形空间，人们通过墙上的开口从对角线方向进入教堂，教堂内部昏暗而沉寂，从墙体开口投射进来的十字形光带仿佛在主宰着一切。（图21）水之教堂主体由上下两个立方体组成，面前是一片长方形的人工湖，湖中伫立着一座高大的白色十字架。侧面以一道L形的墙将建筑与水池围合起来。在这里，简单的几何体与自然有机共生，携手创造了一个无与伦比的诗意空间。（图22）

德方斯大门是巴黎新区的地标性建筑，安德鲁从雄师凯旋门那里获得设计灵感，以现代主义的简洁手法，塑造了一座高达110米的口字型建筑。建筑面材为玻璃与白色大理石，显得素雅而纯粹，与远处的凯旋门形成了良好的呼应关系。（图23）鲍赞巴克（Christian de Portzamparc）1995年完成的拉维莱特音乐城（The Cité de la Musique）内，建筑造型打破了现代主义严谨的形态，部分建筑顶部还采用了波浪式造型，起伏不定的形象似乎在暗喻着跳跃的音符与节奏。在波浪顶的中部还开有一个巨大的圆孔，变化的光线由此下泄，在建筑主体上形成了有趣的明暗变化。阳光下的音乐城显得既简洁又丰富，充满了流动感与多变的空间形态。（图24）

第五节 高技派的新发展

20世纪70年代之后，建筑设计中的高技术倾向形成了较明显的风格模式，由此也被称为高技派。进入20世纪80年代，西方建筑界开始以更加冷静的态度看待技术对建筑的影响，开始强调历史经验对高技派的重要性，并开始重视新技术与环境、生态的良好结合。

理查德·罗杰斯（Richard George Rogers）是高技派的代表性人物，他与皮阿诺（Renzo Piano）于1977年合作完成的蓬皮杜艺术中心（Centre National d'Art et de Culture Georges Pompidou）可谓充满了叛逆色彩。建筑的梁柱结构、配电管线、上下水管，甚至是电梯都暴露在外，还被特意涂成对比强烈的红、黄、蓝、绿等颜色，仿佛一具被剖解的巨兽标本。蓬皮杜中心完全颠覆了人们心目中文化建筑的固有形象，典雅的外观、安宁的环境、肃穆的气氛等习惯概念被彻底瓦解。在瓦解旧概念的同时，蓬皮杜中心还通过高技术手段塑造了一种全新的、具有高度灵活性的空间概念。在设计中，为最大限度获得完整的室内空间，设备与管道均被置于建筑主体之外。此外，由于使用的是高集成的预制钢结构件，室内的隔墙、门窗都可以自由拆卸，各层楼板甚至还可以升降调整，由此也解释了蓬皮杜中心怪异造型中所蕴含的技术合理性。（图25）

1986年罗杰斯在伦敦完成的劳伊德大厦（Lloyd's Building）依旧延续了将辅助设施集中布置，为主体空间提供最大程度灵活性的思路。核心的办公空间围绕中庭集中布置，设备与交通部分则被集中于主体之外的六座垂直塔中，塔身饰以闪亮的不锈钢板，与周围的主体建筑形成了鲜明对比。在这座建筑中，结构与空间密切相关，细部简洁而精美，形式与功能取得了高度统一。（图26）

让·努维尔（Jean Nouvel）1987年完成的巴黎阿拉伯世界研究中心（Institut du Monde Arabe）是一座具有高技术特征的作品。建筑南立面由金属方格窗组成，每个窗格都宛如照相机的快门，可以根据外

界光线强弱来调整孔洞的大小，由此使室内光照保持稳定。整个建筑立面宛如一座大屏幕，在光照下显得奇幻多变，窗格内密集的方圆造型则能使人联想起阿拉伯世界的传统装饰图案。（图27）

香港汇丰银行由福斯特于1986年完成。这座建筑的主体悬挂于几榀桁架之上，而桁架本身则直接暴露在外，与其他结构共同形成了充满力量感的外表，充分彰显了金融机构的实力与地位。（图28）1997年完成的法兰克福商业银行总行大厦（Commerzbank Tower）则是福斯特将高技术与生态环保观念相结合的重要尝试。（图29）这座建筑的辅助部分也被集中布置于边沿角落，中央为自由空间，每隔四层设置一座花园。建筑以自然采光、通风为主，最大程度地降低了空调设备对自然环境的破坏，由此也成为世界上第一座高层生态建筑。1999年完成的柏林议会大厦重建工程（Reichstag Restoration, Berlin），延续了福斯特的环保节能思路，重建的玻璃穹顶内设置了一个可以反射阳光，提供自然照明的倒锥体，还有一座可追踪太阳位置的巨大遮光罩。议会大厅内也设置了自然通风设备，还利用地下湖水进行天然热交换，此外穹顶内的倒锥体本身就是一个巨大的拔气罩，能有效提高换气效率。（图30）（图31）

28
29
　30
　31

28. 香港汇丰银行
29. 法兰克福商业银行总行大厦
30. 柏林议会大厦
31. 柏林议会大厦玻璃穹顶内景

第六节 极简主义

建筑中的极简主义（Minimalism）风格常被认为是20世纪初现代主义运动目标与形式的复兴，但极简主义呈现的已不再是国际式的呆板面貌，而是融入地域与环境特色的多样化尝试。

多米尼克·佩罗（Dominique Perrault）设计的法国国家图书馆新馆位于塞纳河畔，核心的L形塔楼宛如翻开的书本，简洁而巨大的体量清晰地标明了建筑的性质与地位（图32），幕墙上的玻璃格子具有明显的密斯风格。在1998年完成的柏林奥林匹克室内赛车游泳馆（Olympic Velodrome and Swimming Pool）中，佩罗将圆形赛车场与长方形游泳馆构思成被绿荫环抱着的两座湖泊，为此建筑基础比地平面下沉了17米，远远望去，银色的金属屋面宛如波光粼粼的水面。于此，建筑已消融于环境之中，建筑的纯净性与统一性得到了终极体现。（见章前页图4）

瑞士建筑师赫尔佐格和德·梅隆的早期作品具有明显的极简主义风格。1994年完成的巴塞市沃尔夫信号大楼（SBB Switchtower），外墙统一用一层20厘米宽的铜皮包裹起来，完全抹去了常规的门窗、栏杆、楼梯等内容，使建筑成为一个由横向线条堆积而成的立体造型。此外，由于没有具体的参照物，建筑的尺度被模糊化，放大化，一座小小的六层建筑具有了摩天大楼般的丰富层次感与体积感。（图33）1997年完成的伦敦新泰特现代美术馆（Tate Modern）则是一个改造工程，设计保留了旧有的烟囱，将涡轮机房变成了一个内部贯通的公共休闲空间，机房顶部增设了一个长方形的玻璃盒空间。纯净简约的玻璃盒与古典肃穆的砖制厂房、竖向的烟囱与横向的机房，通过一系列的对比手法，这座建筑给人留下了深刻的印象，而今已成为泰晤士河畔的重要景观。（图34）至21世纪，以北京奥运会主场馆——鸟巢为代表，二人的设计风格已发生了明显转变。

彼得·马里诺（Peter Marino）是西方著名的奢侈品店面设计大师。1996年建成的纽约阿玛尼时装店宛如一个时装展览橱窗，所有的干扰元素都被隐藏了起来，建筑白色的外表在麦迪逊大街（Madison Avenue）的深色背景下显得极其突出，充满了宁静安详的气氛。（图35）

32
33
35

34

32. 法国国家图书馆新馆
33. 巴塞市沃尔夫信号大楼
34. 伦敦新泰特现代美术馆
35. 纽约阿玛尼时装店

图书在版编目（CIP）数据

中外建筑简史 / 陈捷，张昕编著. —北京：中国青年出版社，2014.1（2024.6 重印）
ISBN 978-7-5153-2078-6

I.①中 …　II.①陈 …　②张 …　III.①建筑史—世界—教材　IV.①TU-091

中国版本图书馆 CIP 数据核字（2013）第 283925 号

侵权举报电话

全国"扫黄打非"工作小组办公室　　　　　　中国青年出版社
010-65212870　　　　　　　　　　　　　　010-59231565
http://www.shdf.gov.cn　　　　　　　　　E-mail: cyplaw@cypmedia.com

中外建筑简史

编　　著：陈捷　张昕

编辑制作：北京中青雄狮数码传媒科技有限公司
策划编辑：莽　昱
助理策划：陈荟洁
责任编辑：刘稚清　张　军
助理编辑：赵　静
封面设计：六面体书籍设计
　　　　　封面设计　张旭兴
　　　　　版式设计　郭广建
出版发行：中国青年出版社
地　　址：北京市东四十二条21号
邮政编码：100708
电　　话：010-59231565
传　　真：010-59231381

印　　刷：北京永诚印刷有限公司
开　　本：787mm×1092mm　1/16
印　　张：14
字　　数：308千字
版　　次：2014年1月北京第1版
印　　次：2024年6月第12次印刷
书　　号：ISBN 978-7-5153-2078-6
定　　价：49.80元

本书如有印装质量等问题，请与本社联系　电话：010-59231565
读者来信：reader@cypmedia.com
如有其他问题请访问我们的网站：www.cypmedia.com